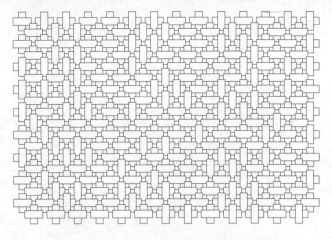

ドキュメント パナソニック人事抗争史

岩瀬達哉

講談社＋α文庫
プラスアルファ

まえがき

オーストリア生まれの経営思想家ピーター・ドラッカーは、「人事において重要なことは、弱みを最小限に抑えることではなく強みを最大限に発揮させることである」（『経営者の条件』）と説いた。

この経験則は、しかし実際の人事において、必ずしも実践されるわけではない。

日本を代表するエクセレント・カンパニーとして隆盛を極め、長く世界のトップブランドとして君臨してきたパナソニック（旧松下電器産業）が、今日の経営不振を招いたのも、ひとえに、人事の経験則が守られなかったことによるものだ。背景には、3代目社長の山下俊彦《としひこ》によってはじめられた経営改革を、4代目社長の谷井昭雄《あきお》がさらに推し進めようとするなか、会長の松下正治《まさはる》との間で激しく対立したことがあった。

松下電器の創業者松下幸之助の女婿でもあった正治は、一連の改革によって創業家がないがしろにされていると反発。やがてふたりの対立は、経営の主導権をめぐる〝人事抗争〟にまで発展していったのである。この時点では思いもしなかったことだが、人事抗争の後遺症は、とめどない悪循環を生みだし、その後、約20年にわたって経営の足を引っ張り続けることになった。

なかでも、谷井のあとの社長に森下洋一が就いて以来、人事はさらに混乱し、経営は迷走し続けることになる。谷井が周到な準備のもと仕掛けてきたイノベーションの数々を容赦なく全否定し、それを手掛けてきた人材をも排除してしまったからである。しかもそれに代わるあらたな成長戦略を打ち出せなかった。

これは森下の性格、およびトップに上り詰めるまでの経緯に深く根差したものだった。

もともと森下は、バレーボールの選手として、実業団の松下電器に入社したという経緯があった。したがって常に軽く見られる傾向があったうえ、入社後の配属先も官庁や企業に大型のモーターなどを販売する特機営業本部であった。同じ営業本部でも、売上げの5割を稼ぎだす家電営業本部と違い、傍流に属していたのである。

そんな非力な社内基盤しか持ちえなかった森下が、取締役に引き上げられ、さらに常務、専務と駒を進めることができたのは、上司への忠誠と忍従の姿勢が評価されたからである。

谷井の側近のひとりは述懐している。

「森下君を、何のために引き上げたかいうたら、正治さん対策だけなんです。谷井さんが経営改革を進めるたび、正治さんは、どうなっとるかと聞いてくる。その都度、我々が説明にいったのでは面倒でかなわんわけです。それで森下君を常務に引き上げ、正治さんへの説明役とした。いわば〝風除《よ》け〟に使ったんだけれど、正治さんにしてみれば経営陣への窓口は森下君しかない。このルートしかないうえ、彼も上手なところがありますから、正治さんにすっかり気に入られてしまった」

その後、正治の強力な後ろ盾を得て、社長に就任した森下は、当然のごとく正治の意向を付度《そんたく》した経営をおこなった。それが、谷井路線の全否定に繋がったのである。人事の経験則を守るどころか、経営者に求められる能力、識見からではなく、いわば会長の好き嫌いによってトップ人事が発令され、経営が差配されていった。この時期、松下電器の人心は相当に淀んだという。

森下の社長在任期間は7年に及んだが、その間の〝迷走と失速の経営〟は、あとを継いだ6代目社長の中村邦夫《くにお》にも、その後の7代目社長の大坪文雄《ふみお》にも大きくのしかかった。それほどまでに、正治と谷井の対立が生み出した感情的対立は、経営の空白となってのちのちまで長く尾を引くことになった。

考えてみれば、創業家と経営の間に一線を画すという決断は、当時、グループ全体で約20万人という従業員を抱える松下電器にとって、雇用を守り、会社を発展させていくには必要不可欠の経営判断であった。しかしその実施にあたっては、もう少し、正治の心情や創業家の反発を計算しておくべきだった。合理的な判断や決定には、非合理の要素も勘定に入れておかなければならないという経験則もまた、この時期、忘れられていたことになる。

進むべき方向性を見失って久しいパナソニックの経営を立て直し、傷んだ組織を再生すべく、平成24（2012）年6月に8代目の社長を託されたのが津賀《つが》一宏《かずひろ》である。

大阪大学基礎工学部を卒業後、昭和54（1979）年に松下電器に入社した津賀は、一貫して技術畑を歩んできたが、社長就任の前年、専務取締役兼社内カンパニーのＡＶＣネットワークス社の社長時代にその経営者としての資質と真価を発揮している。

テレビやデジタルカメラなどを製造するＡＶＣネットワークス社の社長として、赤字をタレ流すばかりで、経営の重荷となっていたプラズマ・ディスプレイ（ＰＤＰ）の製造工場を操業停止としたのである。

経営資源をプラズマに集中し、プラズマで世界市場を席巻しようと兵庫県尼崎市に建設されたこれら三つの工場は、中村が社長時代に立案し、総額４４００億円を投入してきたものだった。その工場の操業停止は、中村の投資判断の誤りを明らかにし、経営者としての資質を真っ向から問い直すことになる。それだけに、誰もが、その必要性を痛感しながら言い出せずにいたのである。下手に言えば、中村の逆鱗《げきりん》に触れ、飛ばされる恐怖があった。

しかし津賀は、ひとり、敢然と中村に直言した。

津賀の決断と行動は、旧松下電器やパナソニックの役員と理事のＯＢたちの集まりである「客員会」でも高く評価されている。

「客員会」は、平成26（2014）年9月13日、大阪府守口市の「ホテル・アゴーラ」で「幸之助の生誕120年を祝う会」を開催し、その席に津賀を招待した。「祝う会」に出席した「客員会」のひとりは言う。

「挨拶に立った津賀君は、いろいろご心配かけているが、昨年9月期から中間配当としては2年ぶりに、株主のみなさんに配当をお支払いできるようになり、第一目標としていた復配が叶った。ようやく、営業利益が確保できる体質に改善できたので、今後は、社内カンパニーの4社で組織を運営し、さらなる業績アップに繋げたいということを言ってました。また、中村君が導入したドメイン制を廃止し、幸之助の時代からの伝統である事業部制を復活させる、とも強調されていた」

ドメイン制は、100以上あった事業部を類似の事業領域ごとに再編し、「1兆円」とも言われていた経営資源の重複ロスを解消するため、中村が、鳴り物入りで導入した組織改革だった。その廃止は、言葉を換えていえば、中村体制の完全否定を社の内外に宣言することである。

津賀が、今後の経営の中核組織として位置付けた社内カンパニーの4社とは、家電、空調施設、業務用冷蔵庫などを扱う「アプライアンス社」、デジタルカメラやパーソナルコンピューターなどを扱う「AVCネットワークス社」、カーナビや電池、溶接ロボットなどを扱う「オートモーティブ&インダストリアルシステムズ社」、それに照明器具や太陽光発電システム、蓄電池などの商品を扱う「エコソリューションズ社」である。

津賀は、社長就任から5ヵ月目で臨んだ「第2四半期の連結決算」発表会において語っている。

「当社は20年ほど前から、『低成長・低収益』という状態が続いてまいりました。……投資判断や、環境変化への対応に課題があり、思ったリターンが生めず、減損に至る、ということを繰り返してしまいました。これは、まさに『普通ではない』状態であり、当社は今、普通の会社ではない、このことを、我々自身がしっかりと自覚するところからスタートしなければならない」

以来「危機脱出モード」で、重点的に取り組んできたのがリストラであった。

この間「1万人規模」の人員が削減されたほか、資産リストラでも、テレビ事業発祥の地である茨木工場や、東京の拠点であった東京パナソニックビルなどを売却。事業売却による不採算部門の整理もまた大胆にすすめてきた。

半導体の3工場を分社化し、その株式の過半をイスラエル企業に売却したうえ、医療機器などを手掛けてきたパナソニックヘルスケアの株式の8割を外資系投資ファンドに売却するといった具合に。

「普通の会社」に戻すという目標は、実のところ、6代目社長の中村邦夫が掲げた目標でもあった。

中村は、産経新聞のインタビューを受けた際、「衰退の原因は、過去の栄光にあぐらをかく成功者たち」だったと、暗に、松下正治や森下洋一を批判する一方、自身の経営方針を「自然体の普通の会社になろうとしているだけ」と語っている(2004年10月20日付)。

「破壊と創造」をスローガンに、大胆なリストラや経営改革を断行しながら、思うような業績を出せずにいたことへの反省を込めて語った言葉だった。

「客員会」の重鎮のひとりが、しみじみとした口調で語った。

「考えてみれば、中村も気の毒な面がある。森下から社長を引き継いだ時点で、経営はガタガタになっていたから、短期間で立て直そうと思ったら、反対者を外し、自分がコントロールしやすいイエスマンばかり集めていかざるをえなかったんですな。その結果が、恐怖政治となり、さらに会社をおかしくしてしまった」

表面に立ちあらわれた姿からは想像もつかない、どのような人事抗争と経営空転の果てに、旧松下電器及びパナソニックは「普通の会社」でなくなってしまったのか。そしてそこには、どんな事情が潜んでいたのか。

当時を振り返り、なぜ、こんなことになってしまったのかと、自問しだした役員OBも少なくなかったのである。

目次

人物相関図

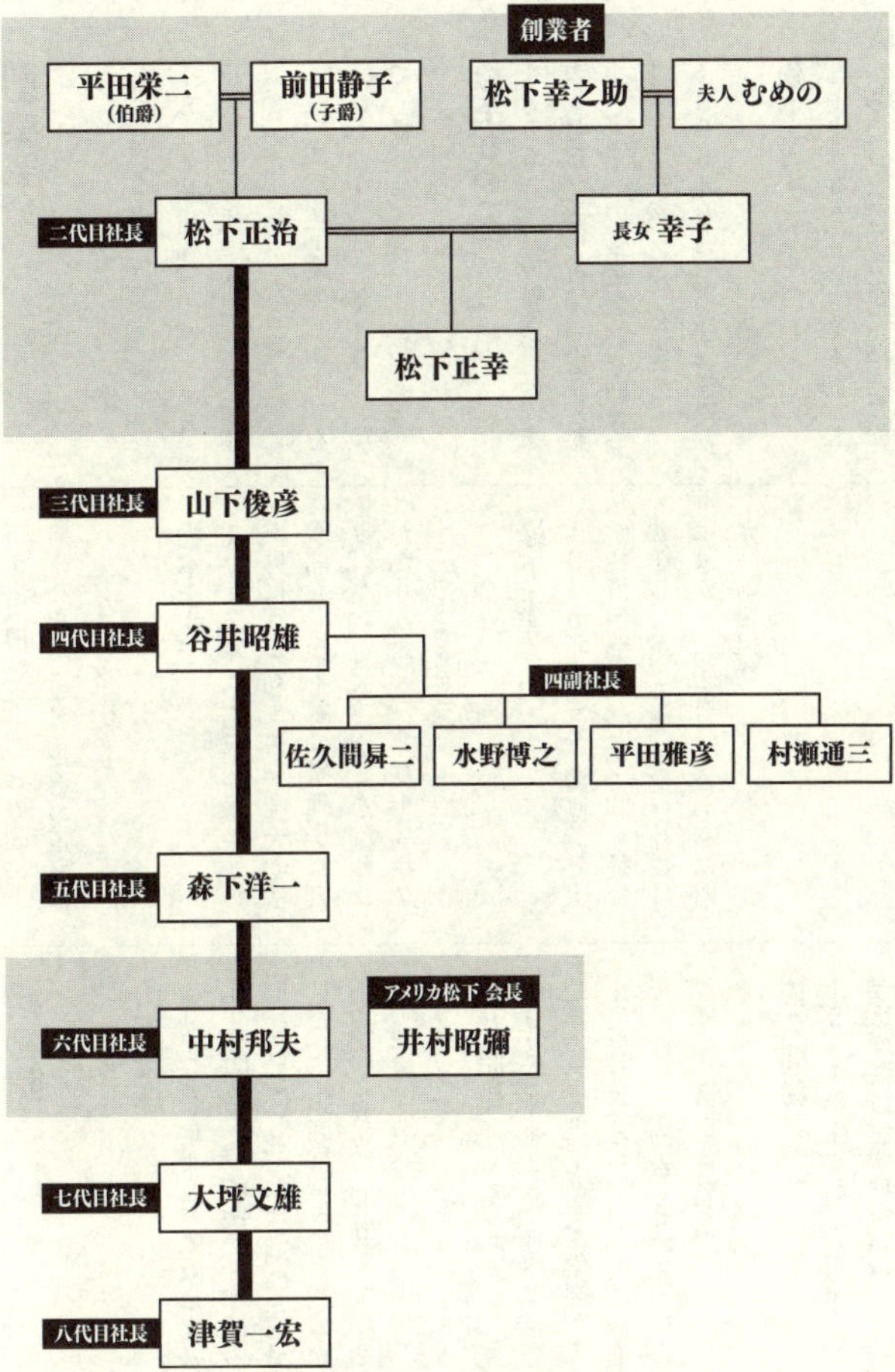
創業者
平田栄二
（伯爵）
前田静子
（子爵）
松下幸之助
夫人 むめの
二代目社長
松下正治
長女 幸子
松下正幸
三代目社長
山下俊彦
四代目社長
谷井昭雄
四副社長
佐久間昇二
水野博之
平田雅彦
村瀬通三
五代目社長
森下洋一
アメリカ松下 会長
井村昭彌
六代目社長
中村邦夫
七代目社長
大坪文雄
八代目社長
津賀一宏

主要人物紹介

創業家

松下幸之助
1894年、和歌山県生まれ。小学校を4年で中退し、大阪船場での丁稚奉公から身を起こし、一代で松下電器グループを築いた。1989年4月、94歳で逝去。

松下むめの
1896年、兵庫県淡路島生まれ。19歳で幸之助と見合い結婚。実家への資金援助を仰ぎ、創業時の幸之助を支えた。1993年9月、97歳で逝去。

松下幸子
1921年生まれ。幸之助、むめのの長女。婿養子に迎えた松下正治(旧姓平田)との間に二男一女を儲ける。長男の正幸はパナソニック副会長。

松下正治
1912年、旧伯爵平田栄二の次男にうまれる。東帝国大学法学部卒。松下家の婿養子に入り、社長。社長、会長を39年にわたり務めた。2012年7月、99歳で逝去。

松下正幸
1945年生まれ。慶應義塾大学経済学部卒。50歳で副社長に就任したが、世襲を受け社長には就かず、副会長に。おもに財界活動を担う。

経営陣

山下俊彦
1919年生まれ。大阪市立泉尾工業学校卒。57歳で、末席の取締役から22人抜きで3代目社長に。相談役時代、会長の松下正治と対立。2012年2月、92歳で逝去。

谷井昭雄
1928年生まれ。神戸工業専門学校(現神戸大学工学部)卒。4代目社長として、会長の松下正治に引退勧告。その後、社長辞任に追い込まれる。

佐久間昇二
1931年生まれ。大阪市立大学大学院経営学研究科修了。谷

井体制下の筆頭副社長。ナショナルリース事件で監督責任を問われ、副社長を解任される。1993年、退社。

水野博之
1929年生まれ。京都大学理学部物理学科卒。谷井体制を支えた4副社長(技術担当)のひとり。2014年10月、85歳で逝去。

平田雅彦
1931年生まれ。一橋大学商学部卒。副社長(経理・財務担当)時代、谷井社長の特命によってMCAの買収を担当。1997年、退社。

村瀬通三
1932年生まれ。大阪市立大学理工学部卒。谷井社長の右腕として、技術戦略を担う。4副社長(製造技術担当)のひとり。1996年、退社。

森下洋一
1934年生まれ。関西学院大学商学部卒。松下正治会長の支持を受け、5代目社長に。MCAの売却など、谷井路線を全面的に見直した。

井村昭彌
1934年生まれ。大阪市立大学文学部英文科卒。取締役米州本部長及び子会社のアメリカ松下電器会長を兼務。米国時代は中村邦夫の上司。

中村邦夫
1939年生まれ。大阪大学経済学部卒。一時、イギリス松下電器に左遷されるが、本社取締役に復帰。6代目社長、会長を経て、現在は相談役。

大坪文雄
1945年生まれ。関西大学大学院工学研究科修了。7代目社長。プラズマ事業の失敗の責任を取り、会長を1年で辞任。現在は特別顧問。

津賀一宏
1956年生まれ。大阪大学基礎工学部生物工学科卒業。創業者から数えて8代目、パナソニックに社名変更してから2代目の社長に就任。

年表

	経営トップ	人事抗争と経営混乱にまつわる主な出来事
1973(S48)年7月	創業者＝松下幸之助 会長＝高橋荒太郎 社長＝松下正治	・創業者松下幸之助が、会長から相談役に引退
1977(S52)年2月	創業者＝松下幸之助 会長＝松下正治 社長＝山下俊彦	・会長の高橋荒太郎が退任し、松下正治が新会長に。3代目社長には、末席の役員だった山下俊彦を抜擢
1980(S55)年6月		・5億円の代金未収となった「山の上ホテル事件」が発生
1986(S61)年2月	相談役＝松下幸之助 会長＝松下正治 社長＝谷井昭雄 相談役＝山下俊彦	・4代目社長に谷井昭雄が就任
1989(H元)年4月		・松下幸之助逝去。享年94
8月	会長＝松下正治 社長＝谷井昭雄 相談役＝山下俊彦	・松下正治をモデルにした経済小説、『秘密な事情』が刊行
1990(H2)年6月		・4副社長制を導入(営業担当＝佐久間曻二、技術担当＝水野博之、経理担当＝平田雅彦、製造技術担当＝村瀬通三) ・「ソフトとハードの融合」をコンセプトに、新成長戦略を策定
11月		・新成長戦略の要として、米総合メディア企業のMCAを買収
1991(H3)年3月		・松下正治が80歳を迎えたのを機に、会長から相談役に退くよう、谷井社長が〝引退勧告〟
9月		・ナショナルリース事件が発生
12月		・子会社ナショナルリースの岡城一二夫社長を解任するとともに、本社幹部約40人を処分

1992(H4)年3月		・ナショナルリース事件で本社役員を処分。佐久間副社長は解任、平田副社長は取締役に降格
5月		・松下冷機が製造した冷蔵庫用コンプレッサーが原因の〝欠陥冷蔵庫〟事件が発生
10月～12月		・松下冷機の高木博男社長の不用意な発言で、〝欠陥冷蔵庫〟問題が深刻化
1993(H5)年2月	会長＝松下正治 社長＝森下洋一 相談役＝山下俊彦 相談役＝谷井昭雄	・森下洋一が、5代目社長に就任
1994(H6)年6月		・〝谷井執行部〟が、MCAとすすめてきたユニバーサル・スタジオ・ジャパンの建設計画を却下
9月		・MCAが提案した米放送局のCBS株買収案を却下
1995(H7)年4月		・MCAをカナダの洋酒メーカー、シーグラムに売却
12月		・森下社長が、ブラウン管の時代を提唱。液晶開発からブラウン管事業へと経営資源をシフト
1996(H8)年1月		・プラズマ・ディスプレイの基本特許を保有する米プラズマコ社を買収
6月		・幸之助の孫の松下正幸が副社長に就任
1997(H9)年7月		・相談役の山下俊彦が、正幸の副社長就任を批判
		・山下批判に対し、会長の松下正治が反論
2000(H12)年6月	取締役相談役 名誉会長＝松下正治 会長＝森下洋一 副会長＝松下正幸 社長＝中村邦夫	・中村邦夫が6代目社長となり、松下正幸は副会長に就任
2001(H13)年1月		・「破壊と創造」をスローガンに組織の再生を提唱
5月		・戦略事業の柱にプラズマ・ディスプレイの製造を位置づける
10月		・V字型回復に向け、リストラ計画を公表
2002(H14)年3月		・V字型回復で、2001年度の営業利益1265億円を達成
2004(H16)年1月		・プラズマ・ディスプレイの生産規模が月産4万台に
2006(H18)年6月	取締役相談役 名誉会長＝松下正治 会長＝中村邦夫	・大坪文雄が7代目社長に就任
2007(H19)年1月		・プラズマ・ディスプレイ製造の主力工場として、尼崎第3工場の建設を発表。これにより生産規模が月産28万5000台に

2008(H20)年10月	副会長＝松下正幸	・松下電器の社名をパナソニックに変更
12月	社長＝大坪文雄	・三洋電機の完全子会社化に向けた資本・業務提携契約の締結
2011(H23)年7月	相談役＝森下洋一	・専務取締役の津賀一宏が、プラズマ・ディスプレイ製造の尼崎第3工場の操業停止を提言
10月		・尼崎第3工場の操業停止を決定
2012(H24)年1月		・パナソニック電工をパナソニックに合併
6月	相談役＝中村邦夫	・津賀一宏が8代目社長に就任
7月	会長＝大坪文雄	・松下正治が逝去。享年99
2013(H25)年3月	副会長＝松下正幸	・プラズマ・ディスプレイの生産を中止
	社長＝津賀一宏	
6月	相談役＝中村邦夫	・会長の大坪文雄が、プラズマ事業失敗の責任をとり退任。特別顧問に
	会長＝長榮周作	
2014(H26)年3月	副会長＝松下正幸	・プラズマ・ディスプレイ事業から完全撤退
	社長＝津賀一宏	

ドキュメント　パナソニック人事抗争史

英文資料翻訳＝山口円
図表作成＝竹内雄二
写真＝共同通信社、講談社写真資料室

●本書では敬称を省略しました。
●文献の引用部分については、巻末に引用文献一覧を付しました。

第1章 カリスマ経営者の遺言

元副社長の証言

皮肉なことに、パナソニックの今日の凋落を招いた人事抗争は、元をたどれば「経営の神様」とたたえられた創業者松下幸之助の〝遺言〟に起因するところが大きかった。

幸之助が他界したのは平成元（1989）年だったが、その9年前、当時の社長山下俊彦にこう命じていたからだ。女婿で、取締役会長の松下正治をなるべく早い時期に経営陣から引退させるようにと──。

山下と特別親しかった元副社長が証言する。

「幸之助さんは、山下さんに、ポケットマネーで50億円用意するから、これを正治さんに渡し、引退させたうえ、以後、経営にはいっさい口出ししないよう約束させてくれ、とまで言うとるんですな。この話、私、山下さんから直接聞きました」

幸之助のひとり娘、幸子《さちこ》の婿として松下家に迎えられた松下正治（大正元〈1912〉年生まれ）は、伯爵平田栄二の次男で、母親は三井財閥本家とも親戚筋にあたる上野七日市藩の藩主、子爵前田利昭《としあき》の長女という華麗な家柄であった。

東京帝国大学法学部を卒業後、三井銀行（現三井住友銀行）に勤務していたが、昭和15（1940）年に松下家の養子となったのを機に、松下電器に入社。わずか10年足らずで副社長に昇格したのち、昭和36年には幸之助の後を継いで2代目社長に就任している。

幸之助が、「正治を経営から外すように」と、山下俊彦に命じた時点で、すでに社長、会長を19年の長きにわたって務めていた。

しかし山下は、正治に引退の引導を渡すことはしなかった。自身で渡すのではなく、後任社長への引継事項としたのである。

やがて山下のあとを継いで谷井昭雄が4代目社長に就任し、その大役を果たそうとした時、創業家の反発や正治の執拗《しつよう》な反撃などが相まって、逆に谷井が、社長の座を追われることとなった。

あとから考えてみれば、幸之助の〝遺言〟にもとづく〝引退勧告〟であっても、谷井の物言いはあまりにストレート過ぎた。正治にしてみれば、いかにも出過ぎた〝勧告〟であり、とても許せる類のものではなかったのだろう。そればかりか、創業家に対する謀反《むほん》と受け取った正治は、谷井への悪感情を募らせ、その経営方針にことごとく反対し、組織は大混乱を来《きた》すこととなるのである。

谷井が社長を辞任するのと相前後して、〝谷井政権〟を支えていた4人の副社長たちも一掃されている。そして4副社長のもとで、次世代のパナソニックを担う人材と期待されてきた幹部社員たちも、活躍の場を奪われていった。

そもそも幸之助が、正治を経営から外そうと決めたのは、松下電器の歴史の中でも、特筆すべき業績と記念すべき事業が成就した昭和55（1980）年のことであった。

この年、松下電器の売上高は業界初の2兆円（単独決算）の大台を超え、経常利益で1385億円、税引後純利益でも731億円を稼ぎ出すなど、過去最高収益を記録していた。一方で、相談役に退《しりぞ》いていた幸之助は、私財70億円を投じ、「二十一世紀の日本をになう各界の指導者の育成」のための「松下政経塾」を開塾。第1期生23人を迎え入れた年でもあった。

本来なら、自信と誇りに満ちた笑みを浮かべてしかるべきが、この年の7月以降、幸之助の表情は冴えず、魚の小骨がのどにささったかのような不快と憂鬱が見て取れたという。

幸之助の怒り

それは、ひとつの〝小さな事件〟に由来するものだった。

松下電器の東京電設営業所が、「山の上ホテル」の大規模改修にあたり、納入した電化製品等の代金の一部、約5億円が未収となっていて、それが幸之助の知るところとなったのである。2兆円の売上高から見れば、わずかに0・025％。誤差の部類に属する金額でしかなかったが、幸之助は激怒した。金額の多寡ではなく、未収金の発生自体がどうにも許せなかったのである。「商品は、いうなれば、長いあいだ手塩にかけたわが娘」というのが口癖の幸之助にとって、それは「わが娘」が愚弄されるに等しい出来事だったからだ。

創業者・松下幸之助

この事件が幸之助の怒りに火を付けたのは、女婿である正治への〝言いつけ〟が、少しも守られていなかったからである。

「山の上ホテル事件」が、幸之助に与えた憤りと失望を理解するためにも、まずは、幸之助の正治への言いつけがどのようなものだったかを見ておくことにしよう。

幸之助は、昭和48(1973)年7月、取締役会長から取締役相談役へと身を引くにあたり、〝幸之助の伝道師〟とあだなされた副社長の高橋荒太郎《あらたろう》を会長に昇格させた。そのうえで、「全役員が遵守すべき『会長、社長並びに現業重役諸氏への要望事項』(通称、「重役心構え六カ条」)を申し送り事項として残した」。

そこには、「会長、社長は真に一体となって会社業務全般を統御していくこと」、「業務遂行に関する上司への報告が、最近十分でないように思われるので、この励行を全社にわたって十二分に徹底させること」といった順守事項が書き連ねられていた。

幸之助自身、「会長退任の辞」と題したあいさつの中で、改めて、その意味するところを解説している。

「皆さんから何か用件がありまして、社長に言うておく。そういう場合に、そのことについては、社長が聞きおくということになるわけですが、同時に高橋会長に伝えておいていただきたい。会長も、『ああ、そういう人から社長にそんな話があったんやな』と知ることになり、二人とも知るわけです。……また、『今こういうことをしつつあるということを、お耳に入れておきますから、もし何かご意見があれば聞かしてもらいたい』という具合に、絶えず報告をしていただきたい。

そうすると、会長、社長は、〝何々事業部はどういう仕事をしてくれているんやな、そして幸いそれがうまくいっているんやな〟ということが頭に入っていきます。それがなければ、会社はもうバラバラになってしまい、会長、社長が何も知らんことになってしまう。それではいけない。やはり、会長、社長が社内のすみずみまでどういうふうに働いているかということの報告を受け、そして認識する、これを怠ってもらってはいけない」

幸之助自身は、部下からの報告がなくても「みずから聞いたり、指示したり」してきた。しかし、それを正治に期待するのは難しいと考え、手取り足取りで、守るべき注意事項を伝えていたのである。「会長退任の辞」では、この前に、艱難《かんなん》に挑みつづけた人生を振り返りながらこうも語っていた。

「数え年で私が二十五歳のときに、ささやかな姿で町工場を始め、今日で満五十五年、数え年八十歳となりました。そういう年といい、五十五年という期間といい、いろんな点を転機として、盛業のうちに辞任することができることは、私個人としては非常にありがたいことやと、かように考えて、そしてこれはひとつ喜んで退《ひ》かしてもらおうということで、実は三日前から決心すると同時に、在阪の常務取締役以上の方々に一人一人お目にかかりまして、自分の意のあるところをお話し申しあげて、それに対する賛否を聞かせてもらったのであります」

幸之助の問いかけに対する役員たちの答えは、「安心してお退きなさい。あとは全員が力を合わせてやっていきますから」ということだった。

創業家の特別な事情

幸之助の退任の日のことを、松下電器の労働組合委員長だった高畑敬一は鮮明に覚えている。同労組から初の役員入りを果たし、その後、常務取締役までのぼった高畑は、こう証言する。

「退任を発表された日は、ちょうど組合大会の当日でして、幸之助さんから、至急来てくれとお呼びがかかった。それで大会を休憩にして駆けつけた。幸之助さんは私の顔を見るなり、わしは会長を辞める、後任は、高橋荒太郎君にやってもらう、今後は、高橋君が社長を指導するとおっしゃった。そして、いまから全事業部長を集めて発表するから同席してくれとのことでした」

話を聞き終わるや、しかし高畑は、即座に反対した。

「いや、それ失敗しまっせ。正治さんは、社長と会長では、社長に実権があり、会長はお飾りやと思うてる。しかも荒太郎さんは、松下家の番頭でしょう。その番頭の言うことなんか聞きまへんで。ここは正治さんを会長にして、荒太郎さんを社長にするのがいい。正治さんは理屈で判断する人ですから、会長にすれば経営に口出ししなくなる。会社の先行きへの心配もなくなりますよ、と言うたんですがね」

しかし進言は聞き入れられず、組合委員長として幸之助の発表に立ち会ったのち、複雑な思いを抱えながら、高畑は組合大会の会場に戻っている。その後も機会あるごとに、正治を社長から外し、会長にすべきと訴え続けた。そろそろご決断ください。

ご決断の時期ですよ。

だが、幸之助はその都度、困り果てた顔で弁明したという。

「わかってる。わかってるけど、君、そう簡単にいくもんじゃない。あれ、わしの娘婿やで。うちは女が強いんや。女房のむめのも、娘の幸子もなかなか賛成してくれんのや……」

松下電器の創業者として、また、不世出の経営者として、日本の経済界に絶大な影響力を発揮してきた幸之助だったが、家庭での発言権は必ずしも強くなかった。それもまた、理由があってのことである。

よく知られているように、幸之助は、明治37（1904）年、尋常小学校を4年で中退した後、郷里の和歌山から大阪の火鉢店に丁稚奉公《でっちぼうこう》に出されている。その後、自転車問屋の丁稚を経て大阪電燈の内線見習工に採用されると、忙しい仕事の合間を縫って、業務で取り扱っていたソケットを改良。「松下式ソケット」として実用新案登録を果たした。しかし苦心の末に考案したソケットは、上司から評価されず、さらなる工夫を重ねたものの、やはり相手にされなかった。

自伝的エッセー『仕事の夢 暮しの夢』によれば、この時、幸之助は、「よしそれじや、会社をやめて自分でひとつ売ってみよう」と独立開業を決意したとある。

退社の申し出に、会社の上司は強く慰留したが、幸之助の意志は変わらなかった。

「主任さんは二回とも私のソケットをあかんといわれたけど、私はどうしてもこれをやりたいのです。会社で採用してもらえたらけっこうですが、それがあかんとなったら、自分でひとつやってみたい。もし、これが失敗したときは、もう一ぺん会社へ帰って、今度はいっさいこういうことは考えんで、たとい職工に落とされてもひたすら会社の仕事に精出します。一ぺんだけ自分でやってみたいと思うから、やめさしてください」

若い向こう見ずな情熱が、幸之助の背中を押し、企業家への道を歩ませることとなった。

当時、準備できた事業資金は、大阪電燈の退職金とわずかな貯金、それに友人からの出資金や借入金など合計200円ほどであった(当時の小学校教員の初任給をもとに今日の貨幣価値に換算して約2800万円)。

その資金も底をつくころ、ようやく完成したソケットは、大阪の街を駆けずり回ってもわずか100個ほどしか売れなかった。若き事業家の見た夢がもたらしたものは、敗北の苦い味だけだった。

事業の難しさ、厳しさを骨身に沁《し》みる思いで噛みしめながらも、しかし生きていかなければならない。夫人のむめのは、着物の裾をからげ、ソケットの素材となる「アスファルトと石綿、石粉」などを真っ黒になりながら昼夜を問わず練り上げる一方、たびたび実家の淡路島に帰ってはカネの工面に奔走した。はじめは親に泣いて頼み、やがて親戚中に頭を下げて回っては、資金の調達を続けたのである。

むめのの実家のある兵庫県東浦町（現淡路市）で町長を5期20年つとめ、むめのとは遠縁の関係にあたる新《に》皐《おか》京一は、祖父の新皐文吉から伝え聞いた話としてこう語った。

「文吉さんの話では、むめのさんは、実家にようお金を借りに来た、いうことや。事業をはじめた端の頃で、お母さんのこまつさんも一生懸命こしらえてな。ほんでも足らん分は親戚の井戸藤吉さんや井戸熊吉さんなんかが、それじゃウチが用意しようかいうて貸したいうことですわ」

銀行が洟《はな》も引っかけなかった時代、むめののおかげで幸之助は事業を続けることができたのである。家族経営のささやかな作業場は、70年後には資本金1849億円、売上高6兆円、本社だけで約4万人の従業員を抱える世界的企業へと発展することになった（幸之助が逝去した平成元年度の決算書等）。

だからこそ、幸之助は、むめのの意思を無下に退けることができなかったのである。

むめのにしてみれば、正治はひとり娘幸子の夫であり、かわいい孫の正幸《まさゆき》の父親である。将来、孫の正幸に社長を継がせるためにも、正治が社長の座に居続けることを強く望んだ。

松下むめの

しかし丁稚奉公からたたき上げ、事業を成してきた幸之助には、人情にとらわれることなく、事実に忠実であろうとする習性が備わっていた。幸之助は、早くから正治の経営能力を見限っていたのである。

「山の上ホテル事件」

実際、昭和39（1964）年7月、静岡県熱海市の「ニューフジヤホテル」でおこなわれた「全国販売会社代理店社長懇談会」、いわゆる〝熱海会談〟において、営業の生命線ともいうべき全国販売網が危機的状況にあることがわかると、幸之助は、社長の正治を差し置き、立て直しの陣頭指揮をとっている。

当時、病気療養中の営業本部長に代わって、本部長代行に就任すると、大胆な改革を断行した。『松下幸之助経営回想録』には、そんな幸之助の決意が語られている。

「ぼくはこの販売革新をやる時、松下の商いは三割減るだろう。二年間は利益はあがってこない。年間、一五〇億円の利益があるものならば、二年間で三〇〇億円、それぐらいは捨てよう。それで済んだら安いもんや、そう肚を決めていたんですわ。

商いを落とさんようにしていては、とても荒療治はできませんわ。ひょっとしたら二年間で済まないかもしれん。三年分の利益を捨てなければならんかもしれん。しかし、元も子もなくなるよりはましや。ここは松下電器が率先してやらなしょうがない。ぼくはそう思ったわけですわ。だから非常に強いものがあったですね」

幸之助の陣頭指揮のもと、まずは販売地域制がもうけられ、代理店や小売店は担当地域以外への営業活動を行なわないよう販売網を整理した。これによって過当競争から引き起こされていた乱売がなくなり、また、いくつもの地域を交錯輸送する運送コストが低減された。加えて、新しい月賦制度をつくることで、小売店の現金回収を容易にしたのである。その結果、覚悟していた「商いはひとつも減らなかった」。

また昭和50（1975）年には、「総括事業本部制」を導入し、48の事業部を産業機器、電化機器、無線機器の三つの総括事業本部に再編したうえで、3人の副社長にそれぞれを担当させた。産業機器は中川懐春《やすはる》、電化機器は東國徳《あずまくにのり》、無線機器は稲井隆義で、いずれも幸之助の信任の厚い長老たちであった。

「客員会」の重鎮のひとりが言う。

「日本万国博覧会が開かれた昭和45（1970）年まではよかったんや。その景気が、翌年からガクンと落ち込み、幸之助さんは、とても正治さんでは松下電器の舵取りはできないと判断された。だから総括事業本部制を導入し、院政を敷かれたんですな」

昭和46年には、米ドルと金の兌換《だかん》停止によるニクソン・ショックがあり、昭和48年には第四次中東戦争による石油危機に見舞われるなど、難しい時代に入っていた。トイレットペーパーを求めて主婦が、スーパーなどの売り場に殺到する一方、狂乱物価で高額商品はパタリと売れなくなっていた。

総括事業本部制の導入とともに、相談役の幸之助が、彼ら3副社長に直接指示を出し、社長である正治に、決して重要事案を判断させなかった。そうまでしながら、正治を社長から外すことはできなかったのである。

ようやく、幸之助が、正治を社長から外し、会長としたうえで、山下俊彦をその後継社長に抜擢するのは、自身が相談役に身を引いてから4年後、昭和52（1977）年のことであった。

このトップ人事は、幸之助の〝番頭経営〟から、グローバルな視点と柔軟な発想を兼ねそなえた経営テクノクラートたちによる近代的経営へと移行させるためのものだった。その移行が、山下俊彦のもとで順調に進んでいると安心していた矢先、本章冒頭で触れた「山の上ホテル事件」が発覚したのである。

ほどなくして幸之助は、正治を経営から全面的に手を引かせるよう、山下に命じた。

あれほど言うておいたのに、自分の言いつけを守っていない。守っていれば、こんな事件が起こるはずがない。そんな思いが、幸之助の怒りに火をつけた。だからこそ、自身が議長となり、「山の上ホテル事件」の査問会議まで開いていたのだろう。

査問会議

「山の上ホテル事件」の経緯はこうだ。

東京都千代田区の山の上ホテルは、作家、歌人、画家など文化人がよく利用するホテルとして知られている。同ホテルは、昭和53（1978）年から約1年半をかけ、増築と耐震補強、それにともなう電化製品等の総入れ替えをおこなった。工事は、周辺地域への日照権の問題をクリアするため、ホテルの外観をほぼそのまま残し、内部を全面的に改修するというもので、松下電器の東京電設営業所が、「総請負」として契約を受注した。

これによって、同営業所は、工事全般の監理とともに、松下電器グループが製造販売する空調施設、音響施設のほか、テレビ、照明器具からはじまって配電盤やスイッチ類まで、電気と関係する製品の一切合財を納入することとなった。営業所始まって以来の大型契約であった。

ところが、工事が予定通り完了し、代金決済の段階になってから問題が発生した。同ホテルのオーナー経営者であった吉田俊男が、突然、代金の割引を求めてきたのである。竣工前のホテルを視察に訪れた際、吉田は、松下電器が納入した電気製品等が気に入らないと、より高級なものに交換するよう求めていた。結果、当初の契約金額より請求額が約5億円オーバーすることになり、そのオーバー分を割り引くよう求めたのだ。吉田が展開した理屈は、次のようなものだった。

ホテルの電化製品をすべて松下電器の製品にしたのだから、相当の宣伝効果があったはず。その分、宣伝料として5億円を割り引いてもらいたい。

松下側は、当然、拒否するが、吉田も頑として譲らなかった。そのうち、この一件が幸之助の耳に入ることとなったのである。

契約の責任者は、当時の東京電設営業所長だった。

昭和28（1953）年、松下電器に新卒採用されたこの人物は、国内営業を経てアメリカ松下電器に出向。同副社長を経て帰国するや、精密モーター事業部輸出部長、東京電設営業所長と順調に駒を進め、「山の上ホテル事件」が発覚した時は、海外事業本部次長兼北米部長の要職にあった。このポストは、アメリカ市場はもとより、世界18ヵ国（当時）に展開するグループ全体の海外事業を管轄するもので、歴代最年少の50歳での抜擢《ばってき》であった。

入社以来、絶え間ない努力で優れた仕事をこなしてきたものの、以後、その人生は大きく狂ってしまう。すぐさま、海外事業本部次長の職を解かれ、東京に新設された「山の上ホテル対策室」に異動になると、連日のように交渉に汗を流すことになった。

その最中、大阪本社への呼び出しがかかった。査問会議への出席要請だった。しかも査問会議には85歳の幸之助が自ら出席し、直接、聞取りをおこなうと聞かされ、進退窮《きわ》まった感がしたと、周囲に漏らしている。

査問会議は、本社2階の役員会議室に全役員を集めておこなわれた。

中央の議長席には幸之助が座り、その両側には、会長の松下正治、社長の山下俊彦以下、常勤、非常勤あわせて30名の役員が顔をそろえた。会議室の大半を占める長方形の巨大テーブルの下座から少し離れた位置に席が用意され、さらに隣りの席には幸之助の秘書の六笠正弘《むかさまさひろ》と、常務取締役で東京電設営業所担当の阿部健が控えた。

幸之助の声は小さく、しかもかすれていて聞取りにくい。発言のたび、秘書の六笠が、「いま、相談役はこうおっしゃいました」と耳打ちしながら、査問会議は進められた。

この人物は、求められるままにコトの経緯を説明したものの、悪いことをしたという意識はなく、泰然自若とした姿勢を最後まで崩さなかった。のちに、ああいう席では土下座をし、絨毯に頭をこすりつけて詫びるものだと、わざわざ諭しに行った人もいたほどである。

2 階級の降格人事

査問会議の最中、社長の山下は終始、困惑の表情を浮かべ、筆頭副社長の安川洋は無言を通した。会長の松下正治は何か用があったのか、途中で退席している。最後に幸之助が、役員を見渡し、意見を求めたところ、ふたりが発言した。

ひとりは、通産省（現経産省）通商局長から松下電器に途中入社した副社長の原田明で、もうひとりはビデオ部門担当の取締役で、山下のあとの社長となる谷井昭雄だった。原田は、「営業所は売り上げをあげないといけないので、無理を重ねることになったのではないか」と、同情的な意見を述べた。一方の谷井は、律儀な性格そのまま、「会社の規則に反した営業活動」と手厳しかった。

査問会議が終わると、役員たちは、そのまま予定されていた取締役会に入り、幸之助は相談役室へと引き上げた。この人物は、秘書の六笠に呼び止められ、幸之助の後を追うように相談役室に入ったところ、幸之助はこう質《ただ》した。

「君な、どうしてコンクリートの値段が、うちの電化製品の値段より高くなるんや。これ、説明してくれ」

5億円の未収金が発生したことで、納入した電化製品の価格より、ホテルの改修に費やされたコンクリート費用の方が上回る事態が発生していたのだ。

答えに窮したこの人物は、身を縮めるようにして言った。

「誠にご心配をおかけして申し訳ありません。また本日は、私のことでこんなにも時間を割いていただき、ありがとうございました」。そう言うと、深々と頭を下げ、静かに相談役室をあとにしたという。

査問会議後、この人物は2階級降格され、グループ会社の課長へと左遷された。ただ、誰もが、いずれ復活してくるものと思っていたが、数年を経て退社している。

「山の上ホテル事件」の裏事情に通じた元松下電器の幹部社員によれば、この契約には、もともと問題がこじれる背景があったという。

「あの契約は、東京電設営業所が取ったものではなく、当時、同営業所を所管していた浅田義雄常務から、東京支社長の鶴田三雄常務に話がもたらされたものでした。浅田さんの知人が山の上ホテルの吉田さんと懇意な間柄で、その人の紹介で改修工事の契約が取れた。要は、営業努力ではなく、人間関係で受注した契約だったので、内容のツメが甘くなっていたわけです。納入する商品、一品一品についての見積もりがなく、しかも当時の一流品を使うという記載になっていたので、これは一流品じゃない、替えてくれといった追加変更のクレームがあいつぎ、納入金額が当初の契約額を大幅に上回ってしまった。その分を宣伝料として割り引いてくれと言い出したわけです。そもそも契約書がしっかり作られていれば、吉田さんも、あんなには頑張らなかったでしょう」

5億円の回収を巡っては、一時、訴訟を起こすことも検討されたが、最終的にその方針は見送られている。

幸之助を激怒させたこの一件は、単に、5億円の損害が生じたというだけでなく、個人にとっても、組織にとっても大きな不幸をもたらした。松下電器を背負って立つべく、大切に育てられてきた人材を失ったばかりか、事件の余波は、その後予想外の展開をみせ、経営体制の刷新という幸之助の望みまでを打ち砕くことになったからだ。

第2章

会長と社長の対立

22人抜きの社長

「山の上ホテル事件」当時、松下電器の3代目社長を務めた山下俊彦は、文字通り〝異色の人〟だった。

末席の取締役から22人抜きで、経営トップに躍り出たのも異色なら、一度、退社し、再入社していたという社歴も異色である。

昭和13（1938）年、大阪市立泉尾《いずお》工業学校窯業科を卒業後、松下電器に入社した山下は、電球の製造技術者として働いていたが、終戦の翌年、上司だった谷村博蔵が独立開業するにあたり、一緒に退社し、その事業を助けている。

ただ、谷村は、自身が興した谷村電器産業の経営が立ちいかなくなると、松下電器への復職を果たしたが、山下は行動をともにすることなく、他の電球会社に転職していた。

やがて、松下電器とオランダの電機メーカー・フィリップスとの技術提携で松下電子工業を設立するにあたり、中堅技術者が不足していたことから、谷村が、山下に声をかけた。その時の様子を、山下は回想録『ぼくでも社長が務まった』に記している。

「私は一度辞めた会社に戻る気はまったくなかった。それで固辞していたら、谷村さんが最後に、

『きみの力を松下が必要としているといっているんじゃない。きみくらいの人物は松下にはいくらでもいる。ただ、いまのところより松下のほうが舞台が大きいから活躍するチャンスも多い。きみのためを思って帰るようにいっているんだ』

といわれた。そういわれると断る理由がなくなったような気になって、承諾してしまった記憶がある」

三代目社長・山下俊彦

電球やガラス管の専門技術者として、松下電器に復職すると、山下は、早速、松下電子工業の工場長を命じられている。

この時、山下の直属の部下となるのが、のちに技術担当副社長となる水野博之であった。

水野は、京都大学の物理学科を卒業後、昭和27（1952）年に松下電器に入社しているが、物理学科の卒業生としては最初の採用だった。これは、松下電子工業を設立するにあたり、フィリップスから、物理のわかる社員が必要との要請がなされていたことによる。

入社後、水野は、山下工場長のもとで電子管の製造班長を務めることになった。

当時、電子管は歩留まりが悪く、また季節によっても性能にバラつきがでた。それをなんとか改善できないかと、水野は、電子管の心臓部にあたるカソード（電子を放出する電極）の性能実験を、仕事の合間を見ては約60人の女子工員におこなわせ、画期的な改善方法とそれを裏付ける理論を編み出した。その成果は論文にまとめられ、米国の権威ある学術誌『ジャーナル・オブ・フィジカル・ソサイアティー』の1956年号に掲載されたところ、松下に技術指導に来ていたはずのフィリップスの技術幹部が驚嘆し、逆に、水野のもとに教えを乞うてきたほどであった。

〝幸之助の大番頭〟で副社長の高橋荒太郎もまた、水野の偉才に刮目《かつもく》するとともに、その才能を上手に引き出した山下の管理能力に着目した。工場長として置いておくのはもったいない。もっと、経営全般に関わる仕事をさせてみようと考えたのである。

高橋荒太郎は、昭和37(1962)年、山下を本社に呼び戻し、フラッシュバルブやストロボなどを製造していた業務提携先のウエスト電気(現パナソニック フォト・ライティング)の経営立て直しを命じた。同社は従業員組合が強く、ガバナンスの利かない状態にあったが、山下は単身乗り込み、組合から罵倒されながらも、本社の助けを借りずに短期間で再建を成し遂げた。その様子をじっと見ていた高橋が、面白い男がいると幸之助に報告したところ、頭痛のタネだった冷機事業部の事業部長を任せてみようとなった。これによって、山下の会社人生は大きく開けていく。

元松下電器の上席役員のひとりが言う。

「山下さんが、冷機事業部長に就くまでは、松下のホープと言われ、名実ともに営業の筆頭だった人がその職にあった。ところがその年は、冷夏でエアコンが全然売れなくて、在庫が、山のように溜まってたんですなあ。

で、幸之助さんが、冷機事業部長に説明を求めたところ、その人は、脂汗流しながら、とにかく天候さえ良くなれば売り抜きますと言った。じっと説明を聞いていた幸之助さんは、そうかと言っただけで、とくに咎《とが》め立てもなかった。やれやれ、これでクビが繋がったと思っていたら、次の日、山下さんと交代ですわ。あとで幸之助さんは、番頭のひとりに、彼の背中には貧乏神がしがみついとった、と言うてるんですな。実際、山下さんに替わった途端、猛暑になって、アッという間に在庫が捌《は》けてしまった」

翌年以降も、山下は、季節商品といわれ需要予想の難しかったエアコンをちょっとした工夫を凝らすことで生産調整し、事業の効率化をはかっている。

山下がおこなったのは、過去20年間にわたって大阪の7月の気温を調べ、気温が30度を超える真夏日が何日あるかを把握したうえで、生産の基本計画を立て、さらに真夏の直前に見通しをはっきりさせ、追加の生産に入るというものだった。単純な統計手法ながら、いわゆる〝コロンブスの卵〟となって生産計画の精度を高めた。そしてわずか4年後には、業界1位のシェアを獲得していたのである。

古参社員を切れ

山下には、柔軟な思考力、冷静な判断力のほか、叩き上げの人間に共通のシンの強さが備わっていた。しかしなぜか、「正治を引退させろ」との幸之助の命に関しては、優柔不断だった。

その理由を、山下と親しかった元副社長の水野博之が語る。

「正治さんの側には、幸之助夫人のむめのさんと、正治夫人の幸子さんがいて、たとえ幸之助さんといえども、正治さんを引退させることができなかった。山下さんにすれば、義理の息子であるにしろ、幸之助さんが切れないのを、アカの他人が切れるか。そうだろう、と言うもんですから、それもそうですなあ、と話したことがある」

まして、山下を社長適任者として幸之助に推したのは、松下正治だった。いわば恩人とも言うべき正治に、弓を引くというのは、人情としてできるものではない。

関西企業家映像ライブラリー所蔵の「インタビューDVD集」のひとつには、当時取締役相談役名誉会長だった松下正治が、自身の後継社長に山下俊彦を強く推した理由が語られている。

「特に電器業界は、技術の進展がどの業界よりも激しいですわね。常に新しいものを追い求めていくというふうな、そういう必要のある電器業界で、やはり、人もどんどん新しくならんといかんと。若手がどんどん出てこないかんということが迫られていた感じでありましたんでね。それで、それをやるためには、ほんとに長いことご苦労さんだったけれども、その方たちに、徐々に退いていただいてね、あとは人が替わっていくということが必要だろうと、私思ったんですよ」

正治は、ビデオカメラの前で一呼吸置くと、勢い込んで話した。

「それをね、さあ、しようと思うけどさ。おやじさん、それやるわけにはいきまへんやんか。私も、ちょっとまずいでしょう。立場上ね。それでね、それを一番やってもらいやすい人は、若い人しかいない。でも、まわりはほとんど私と2、3歳しか年の違わない、あるいは私より年上の人でしょう。ですから、見渡したところ誰もいないんですよ。全員、そういう年頃でね。しかしこれでは人事が渋滞してしまう。どんどん新しく変わらんといかん電器業界における会社としては、これはまずいと思いましたんでね。そういうことを思ってましたから、それで私が会長になった時にね、山下社長をですね、ずいぶん口説いたんですよ。どうしてもいやだと言ってました。最初ね。お断りすると言ってました」

しかし最後は、正治の粘り勝ちで、「ようやっと引き受けて」もらっていた。その安堵感に浸る一方、正治は、世間の反応に驚嘆することになった。山下の社長就任が、ひとつの事件として新聞各紙で大きく取り上げられたからだった。想像もしなかった事態の出現を、正治はこう語っている。

「だからね、何人飛びだとかいいましたでしょう。新聞の記事としては面白いかもしれんね。何とか飛びというのはね。私は、そんなこと全然考えていませんでした。だから新聞にあんなこと書かれて、びっくりしましたね。ああ、なるほど、数えてみたらそやなと。あの時は、なんで、そんなこと書くのかと意外でしてね。松下電器にとっては、これは絶対必要なことなんだからね」

二代目社長・松下正治

組織の若返りのため、山下を推したという言葉にウソはなかったが、これとは別に、正治には、自身の権力基盤を強化しようとの計算が働いていたフシがある。

正治に可愛がられていた元部下は、その深謀遠慮について解説する。

「当初、幸之助さんの頭の中には、電池の責任者だった副社長の東國徳さんを社長に昇格させるという案があった。だから本社の役員、幹部連中は、すべて〝東シフト〟で、みんな次の社長は東さんだと思ってたんですね。ところが、正治さんと東さんは、性格的に合わんかったうえ、年齢も正治さんが64歳で、東さんが63歳と1歳しか違わない。かりに、東さんが社長になれば、自分の出る幕は無くなるというんで、正治さんは、山下さんを幸之助さんに熱心に売り込んだんですね。そして幸之助さんの人事案をひっくり返してしまった」

正治の信任の厚かった元副社長の水野博之もこう述べている。

「正治さんは、あの頃が一番幸せだったと言ってました。山下君が、近代化をドンドン進めてくれて、わしは実に幸福だったと――」

要するに、山下の進めた「近代化」によって、正治に苦言を呈してきた幸之助の番頭たちが会社を去り、ようやく手足を思いっきり伸ばせるようになったということである。

山下が社長に就任した時点で、29人いた役員の平均年齢は65歳。うち4人の副社長は、平均年齢70歳に達していた。４人の中には、正治のライバルだった東國徳だけでなく、山下を松下電器に呼び戻してくれた谷村博蔵などもいたが、遠慮会釈のない非情さで、山下は、４副社長をそろって退任させている。そして返す刀で、他の古参役員もバッサ、バッサと切っていった。

社長就任後の３年間で、「社外重役を除く二十八人の重役陣のうち、半数の十四人が入れ替わって一新された。……とくに五十三年、五十四年の株主総会では、松下の三十〜四十年代の急成長を支えた明治生まれのベテラン役員は、オーナーである松下幸之助（取締役相談役）を除いてすべて姿を消した」ほどだった。

正治外し

あまりにドラスティックな人事改革だったため、マスコミは〝山下革命〟と揶揄し、社の内外からも批判があいついだ。当の幸之助自身、矛盾に満ちた行動に出ている。組織の若返りを山下に託しながら、やり過ぎとの思いから、やがて山下への憤りを露《あら》わにすることになる。

長年付き従ってくれた番頭たちが次々姿を消し、気づいてみれば、昔を懐かしみ腹を割って話せる相手がいなくなっていた。その寂しさと鬱屈を、幸之助は昭和57（1982）年1月10日の経営方針発表会で爆発させた。

経営方針発表会は、松下でもっとも重要な年中行事である。役員はもとより、グループ各社の幹部社員も一堂に会しておこなわれる式典ながら、87歳の幸之助は、社長、会長を差し置いて口を切った。そして、予定の30分という持ち時間を大幅に超え、2時間弱にわたり「松下の基本方針」や「松下精神」を説く一方、名指しこそしなかったものの、山下を声を震わせ非難した。

「みなさんは、松下電器で十数年、仕事をしておられるんやから、松下電器の基本方針は何であるかというのは、だいたい知っておられるはずや。それを批判したり、それを旧式やと言うたり、それを遅れていると言うたりすることは断じて許さん。そういう人は、潔く松下を去るべきである」

このあと幸之助は、自らの興奮を抑えるかのように壇上のコップの水を一口飲み、大きく咳払いした。そして下っ腹に力を入れ、再び、語りはじめた。

「最近は、相談役を批判したり、高橋（荒太郎）君を批判したり、また古い幹部を批判したり。それはもう旧式やと。いつまでたっても、そんなこと言うてたらあかんと。時代はどんどん進んでいると、こういうふうに言うて、松下電器がみな、各バラバラに仕事をしているという傾向があります。しかし、これはいかん。時代が変わっても真理に変わりはありません」

この時の様子を記録したビデオテープの映像には、モーニングで正装した山下が、会場の最前列で黙ってうつむき、じっと話に聞き入っている姿が映っている。話せば話すほどに、幸之助の興奮は高まる一方で、語調はますます激しさを増していった。途中、壇上から山下を見据えるようにして、こうも言っている。

「単なる自分の小さな知恵、才覚で全体を批判したり、過去を批判することは断じていけない。許されないことだ」

式典が終わって社長室に戻った山下に、部下が、「いくらなんでも、今日の幸之助さんはひどい」と声をかけると、山下はひとこと、「ええねん」と言いながら、壁にかけた額縁に目をやったという。そこには、社長就任後、幸之助から贈られた直筆の色紙が飾られていて、「大忍」と書かれていた。

孤立無援の状態にあった山下を、利己的な思惑があったにせよ、ひとりバックアップしたのが会長の松下正治だった。しかし、その正治もまた、山下を自在にコントロールできないことに不安を感じたことがあった。

山下は、常務会を開くにあたって、会長である正治への出席要請はしなかった。意思決定のスピードを落とさないため、常務会は、社長、副社長、専務、常務のみの出席としたのである。重要事項を協議する常務会の様子が皆目わからないことに、正治は苛立ちを隠さなかったという。

「客員会」の重鎮のひとりによれば、「正治さんは、ひょっとして自分は無視されているのではないかと心配になりだした。それで、自分も常務会に出席したいと言うんですが、山下さんは、いや会長は出ていただかなくても大丈夫ですと断っている。すると今度は、当時の人事担当副社長だった安川洋さんに、自分の出席を認めるよう山下に言ってくれと頼んでるんですね」。

この時、安川が、正治の意向を伝えたところ、山下は、そうですか、わかりました、じゃ、出席して下さい。そのかわり、僕は、常務会には出ませんよと返していた。

同重鎮の話が続く。

「これには、当の安川さんが面食らいましてね。そりゃ、いかんがな。そうか、そのくらいの決意だったら、わしが、正治さんを説得しようということになって、ついに正治さんの常務会への出席はなくなった」

振り返ってみれば、この一件は、後々、しこりとなることになる。ある種の疎外感を、正治の潜在意識に植えつけることになったからだ。

その後、谷井昭雄が、山下からの申し送り事項である正治への引退勧告を、律儀に実行した際に向けられることになる激しい反発と、たぶん無関係ではないはずである。

4　副社長制の復活

山下が、経営者として優れていたのは、進むべき道を間違いなく指し示してくれる〝羅針盤〟役の参謀を見出したことであろう。加えて、その思いきりの良さで、あらたな成長分野に経営資源を大胆にシフトし、経営体質のさらなる強化と、海外事業の拡大に取り組んだ。そのためのアクションプログラムが、「中期経営計画（ACTION－61)」であった。

当時、経営企画室長だった佐久間昇二《しょうじ》は、昭和58（1983）年11月に公表された「ACTION－61」の目標についてこう述べている。

「売上高の二割しかなかった情報家電分野を、倍の四割にするというものでした。従来の家電事業をベースにしながらも、同時に成長性の高いデバイス（製品、電子部品）や半導体、産業用部品分野（通信・情報機器等）などに進出することで、新しい核となる事業を確保することでした」

同計画は、当時、副社長だった谷井昭雄を推進役として進められ、その最終年に山下から谷井に社長の座が引き継がれた。山下の回想録によれば、「三カ年計画を終わってからバトンタッチするのでは、次の人はまた一から新しいことを始めなければならない。むしろアクション61が完了する前に、その仕上げを次の人に頼んだほうがいいのではないかと考え直した」からだった。

そして山下は、谷井を後継社長とするにあたり、総合エレクトロニクスメーカーへの飛躍とともに、正治に引退勧告するよう求めたのである。おかげで、谷井は、おそろしく高い代償を支払わされることになった。

引退勧告に激しく反発した正治によって、谷井自身が社長の座を追われることになり、次の時代を生き抜くために準備してきた画期的なビジネスモデルもまた、粉々に粉砕されてしまったからだ。

松下電器の4代目社長となった谷井昭雄は、技術畑出身で、ビデオテープレコーダーを事業の柱に育て上げたとして、昭和61（1986）年2月、山下俊彦から後継社長に指名された。

谷井は、「ACTION－61」の終了に伴い、この中期計画でやり残したこととして、国内営業体制の再編と流通コストの切り下げや、海外事業の推進、技術行政の見直しなど12項目を社長在任中に達成すべき目標として掲げた。そして、「4副社長制」を12年ぶりに導入している。

4人の副社長は、営業部門担当の佐久間昇二を筆頭に、財務・管理部門担当の平田雅彦、技術部門担当の水野博之、製造技術部門担当の村瀬通三であった。いずれも、次世代の松下電器を背負っていく俊英であった。

彼らは、新たな挑戦課題として、「ヒューマン・エレクトロニクス」のコンセプトのもと、「強い商品、新しい事業」が生まれる仕組み作りに取り組むとともに、そのための組織改革に着手した。

なかでも重点が置かれたのは、国内営業体制の改革であった。

これはヤマダ電機やビックカメラといった量販店が台頭してくるなか、ピーク時、全国に3万店を誇った系列代理店や連盟店を、貢献度によって選別することであった。

4副社長のひとり、水野博之は語っている。

「話は単純で、ウチの生命線である販売網に維持コストがかかりすぎ、かなりの負担になっていた。いくら経費がかかっても、よう売ってくれて、量販店に勝ってくれれば、何にも言うことない。だけど、営業がいくらリベートを与えても効率があがらんようになっていた。そこですよね。当時の営業コストというたら、ソニーの2倍くらい。それを半分に減らすだけで利益がでる。だから販売ルートをなんとかしなくちゃいかん、というのが社長の谷井さんの頭の中にあった」

販売改革は、従来の商品別の販売網から、顧客別・地域別に再編し、「リビング」、「システム」、「インダストリー」の3営業本部を作ることにあった。そのため、昭和62（1987）年には、6人の新任取締役のうち市川和夫、北山宏、森下洋一の3人を営業畑から引き上げた。

まさかのエースポスト

3人の新役員のうち、エースとして期待されていたのは市川和夫だった。市川は、国内売上高の約5割を稼ぎ出す家電営業本部の出身で、営業畑のエリートコースである中部家電統括部長も経験し、着実に成果を挙げてきた。本来なら、国内営業の総元締であるリビング営業本部長（旧家電営業本部長）に就くべきところが、相談役である前社長であった山下俊彦の強い意向によって、システム営業本部長とした。

〝情報の時代〟を迎えるにあたって、システム部門の充実が欠かせないとの判断に加え、〝家電のエース〟に幅広い経験をさせ、将来の社長候補として養成する目的があったからだ。

結果、リビング営業本部長のポストに就いたのは、3人の中のひとり、北山宏だった。北山は、家電プロパーであったが、社長の谷井がビデオ事業部長時代に、同次長として仕えたことがあり、直属の上司として佐久間を仰ぐ一方、谷井の元部下としての立場もあった。

当時、佐久間は、流通チャンネルの改革に加え、商品開発を営業部門でおこなうことを谷井に提言していた。佐久間の理屈は、営業は常に顧客と接していて、その要望を掌握している。顧客の代弁者でもある営業が、商品の企画にも参加すべきというものであった。

これに対し、谷井は、商品開発は技術部門の専権事項との考えを崩さず、谷井と佐久間は、しばしば口角泡を飛ばす激論をたたかわせていたという。

そんなふたりに挟まれ、いまひとつ動きの鈍かった北山が、2年後、リビング営業本部長から東京支社長に出ることになり、その穴を埋めるかたちでインダストリー営業本部長(旧特機営業本部長)だった森下洋一に、この〝エースポスト〟が巡ってきたのである。人事のやり繰りのなかでの、まさかの僥倖《ぎょうこう》だった。

森下はリビング営業本部長に就くや、会長の松下正治のもとへ、国内営業の担当責任者としてこまめに報告に行った。正治が、谷井や佐久間が進めようとしていた販売改革の詳細を知りたがっていたからだ。そしてその仕事ぶりによってというよりも、その従順な姿勢によって、正治の信任を勝ち取っていったのである。

当時、谷井を支えていた元役員が証言する。

「販売改革に手をつけると、幸之助さんとともに歩んで大きくなった有力販売店のオーナーたちが、会長のところへ駆け込むんですわ。すると、正治さんが、谷井さんを呼んで、どうなっとるかと聞く。これに対し、谷井さんは、あんまり販売のことは言わんといてくれ。でないと改革でけん、と言わはったんですなあ。すべてはそこからですわ。ものごとが、ややこしくなったのは」

谷井にしてみれば、正治に口出しされれば、一時的といえど改革をストップしなければならない。煩わしいうえ、会長は経営にいちいち口出ししないのがルール、という思いがあった。

しかし正治にも立場があった。

古くから付き合いのある有力販売店が駆け込んできた時、なにもしないで、黙っているわけにはいかない。幸之助に代わって創業家を代表し、組織を統治しようと意気込む正治に、谷井は、ややもすると冷たく、すげない態度をとった。もう少し、うまい対応の仕方もあったはずだが、この点、谷井は不器用であった。

「どこの会社でも、会長の仕事いうのは、外に出て、財界との付き合いなど〝外交活動〟ですわ。なのに正治さんは、何もしはらんから、谷井さんは〝会長兼社長〟として、忙しくてしょうがないわけです。それで、正治さんに会長の仕事をして欲しいと注文をつけた。しかも、ご自身で言うのではなく、社長室長なんかを通じて、これとこれは、正治さんの仕事ですよと言った。プライドの高い正治さんにしたら、怒り心頭ですわ。わしに注文をつけるなら、直接、言うてくれれば、聞けることは聞く。なのに人を介して、ごちゃごちゃ言うてくるとは何事かと、ヘソを曲げてしまった」(元役員)

強引すぎた人事

ちょうどこの頃、谷井は、いくつかの組織改革にも着手しているが、そのひとつが

「定款」の変更による〝副会長制〟の導入であった。

谷井は、4人の副社長とともに「最高経営会議」を組織し、全社的な経営課題や役員人事など重要な決定を下していたが、ここで会社の基本規則である定款を変更し、それまでなかった副会長制を導入したのである。名誉職ともいうべき副会長ポストをあえて新設した理由は明白だった。

正治会長の長男で、幸之助の孫でもある松下正幸を、将来、社長に就かせないための布石であり、創業家と経営の完全分離を果たそうとするものであった。

「客員会」のメンバーが言う。

「正治さんとしては、息子の正幸さんを守りたい。だけど、僕たちは創業家だからといって、いつまでも会長にとどまって、次は正幸さんを社長にするというのでは、やはり具合がわるい。そういうところは改め、普通の会社にしたかった」

来るべき不安の時代に生き残っていくには、やはり、経営の現場でいくつもの修羅場をかいくぐってきた者でないと巨大企業の舵取り役は務まらない。

四代目社長・谷井昭雄

組織を守り、従業員の生活を守っていくためには、大政奉還が創業家の悲願であっても、谷井たちに妥協の余地はなかった。

そして平成元（１９８９）年の幸之助の死とともに、正治への包囲網はさらに狭められることになる。

この年の４月、正治は、長年務めてきたアメリカ松下電器（現パナソニック ノースアメリカ）の会長職を、谷井によって降ろされていたのである。

当時、取締役米州本部長兼アメリカ松下電器社長だった井村昭彌《あきや》が言う。

「あの人事は、僕が、アメリカ松下の社長を、そろそろアメリカ人にしたいと、谷井さんに相談したのが発端になっているんですわ。というのも、アメリカ人の社員はみんな、おかしい、と言いよるわけです。幸之助さんは、アメリカ松下はお前らの会社やと言いながら、日本人の社長ばかりが続いて、いつまでたっても、わしらの会社にならへん。言うとることと、やっとることが違うやないかと、文句を言うわけです。で、僕は、アメリカ人を社長にして欲しい。ついては、会長は正治さんやから、僕は、副会長で結構ですと言うたんです」

井村の話を聞き終わると、谷井は「ちょっと、待っといてくれ」と言うや、勢いよく部屋を飛び出していった。そして帰ってくるなり、「正治さんに話して、会長を降りてもろた」と告げた。

井村の話が続く。

「これは、大変なことになると思いましたわ。正治さんは、アメリカ松下電器を自分が育ててきたと思っているうえ、アメリカ人の社員は、正治さんはオーナーやということで、とても尊敬されていた。ご夫婦でアメリカに来た時なんか、凱旋将軍のように迎えられていたわけです。それだけに、この会長職には一方ならぬ思い入れがあった。それを、いきなり引きずり降ろされたようなもんやから、面白いはずがない。僕もまた、谷井さんをそそのかした張本人のように思われ、ずいぶん、逆恨みされたですよ」

人事の基本は、公平、公正に適任者を選ぶことにある。しかしこの場合は、相手が創業家を代表する最高権力者の会長であるだけに、もう少し慎重に対応すべきだった。

この強引な人事は、正治と谷井の間に燻《くすぶ》っていた感情の火種を、一気に燃え上がらせた。そして、ふたりを修復不能の関係に導くことになったのである。

引退勧告

いつの頃からか、松下正治は、会社の中での自身を取り巻く環境が、微妙に、しかし確実に変化していることを感じ取っていたはずである。そんな漠然とした不信が膨らむなか、神経を逆なでされるかのような不快な出来事が起こっている。

幸之助が逝去するのを待っていたかのように、その死の約3ヵ月後に一冊の単行本が出版されたのだ。経済小説の書き手、清水一行《いっこう》が書き下ろした『秘密な事情』がそれである。あくまで小説仕立てではあるが、幸之助の第二夫人として知られる〝世田谷夫人〟について、事実にもとづいて赤裸々に描かれていて、瞬く間に書店から消えてしまった。

世の注目が、幸之助の私生活に集まったことで、見落とされがちとなったが、しかしこの小説の主題は、幸之助の娘婿、つまりは松下正治の私生活を扱ったものだった。

小説は、大阪に本社を置く「家電メーカー」のオーナーが、娘婿の「雅道会長」の経営手腕を評価していないことや、「雅道会長」の愛人問題に悩んでいたこと。また、その愛人の存在が公にならないよう、もみ消しに奔走する広報マンの姿が、企業派閥の思惑や上司の保身に翻弄される中間管理職の悲哀とともに描かれている。

小説の「雅道会長」は、正治会長をモデルにしているのは明らかだった。

当時、松下電器のライバルメーカーで広報部長を務めた人物は、「事業内容や組織構成、他の登場人物の描写など描かれていることは、いずれも実際と瓜二つ。正治さんの愛人の存在についても、業界では公然の秘密だった。小説を読みながら、よくこんな正確な情報が流出したものだと舌を巻いたものでした」と言った。

周囲がこのような反応を示したほどだから、正治本人にしてみれば、自分を追い込み、実権を奪おうと、誰かが仕掛けていると考えるのが自然だろう。そんな疑心暗鬼が膨らみ続けるなか、最悪のタイミングで、谷井からの引退勧告がなされていたのである。

平成3（1991）年3月期の決算が、過去最高の連結純利益2589億円を計上し、自信を深めた谷井は、ひとり正治に面会した。そして会長から相談役に退くよう直談判に臨んだ。

当時の事情をよく知る谷井の元側近の証言。

「創業者は、創業55周年を迎えた1973年、数え年で80歳になったのを機に、会長から相談役に降りられた。すでに正治さんも数え年で80歳になられたわけですから、そろそろ相談役にお下がりください、と谷井さんは申し出たわけです」

谷井の説得は数度に及んだが、正治は決してクビを縦に振ろうとはしなかった。

最後は、4副社長を引き連れての談判となった。これに対し、正治は、「会長外し、松下家外し」と憤り、「幸之助の経営理念を受け継ぐのは自分だ」と反発を強めたという。

4副社長のひとりだった水野博之が解説する。

「正治さんは心外だったんでしょうね。わしは、何も悪気があって経営に口出ししとるんじゃない。ちょっと気がついたから、言うとるんで、なんでお前らそんな大挙して来るんだ、と言うから。会長、ちょっと違いますよ。会長の言葉は重いんです。あなたが思ってるどころの重さじゃない。だから大騒ぎになるんで、発言は慎重にしてくださいと申し上げた」

正治は、自分なりの論理をもとにせっかちに話す方だが、納得すれば、相手の主張を素直に受け入れた。この時も、「それならわかる。わしも、ちょっと考えよう」ということになり、谷井たちは会長室をあとにした。谷井が、社長室に戻ると、デスクの上の電話がけたたましく鳴った。受話器を取るや、正治の興奮した声が堰《せき》を切ったように流れてきた。

「君らは、謀叛《むほん》くわだてて、わしのところに来たんか。わしは、水野君を一番評価しとった。あれの言うことは、みな受け入れて、一度も反対したことがない。その水野君が、わしに文句を言うたということは謀叛の証拠や」

このあと谷井は、すぐさま水野に電話を入れている。「水野君、いま、会長からこういう電話があった。そちらにも行くかもしれないので、その際にはよろしく」ということだったが、正治から水野への電話はなかった。

正治の逆襲

人の深層心理というものは、複雑で、容易に理解できるものではないが、この時の正治には、自分こそが、山下を社長に推薦し、幸之助時代の〝番頭経営〟を一掃し、経営近代化の道筋をつけたという自負があったのだろう。その自分が、谷井によって、経営近代化の弊害であるかのように扱われることは、我慢のならないことであったはずだ。

当時、4人の副社長は、筆頭副社長である佐久間の部屋に集まり、侃々諤々《かんかんがくがく》の議論をし、全社的な経営課題や重要人事を練り上げ、谷井に報告。それを谷井が検討したのち、会長である正治に説明し、最終決裁をもらいながら、幹部人事や事業計画を進めるという方法を取っていた。

「ところが、あの一件があって以来、谷井さんが決めた人事案が通らんようになった」

こう前置きして語るのは、4副社長をサポートしていた元幹部社員である。

「正治会長のところに人事案を持っていっても、崩れることがあったわけや。会長が、この案はどうかと思う、と言って難色を示す。あるいは、彼よりも、他の人のほうがいいんじゃないかと言っては突き返す。要するに、正治会長には、厳然たる決定権はないものの、拒否権は持っているので、それをことあるごとに行使したわけや」

「あかんかったわ……」と帰ってくる谷井を迎えながら、4人の副社長は「困りますなあ」と零《こぼ》すようになったという。

やがて、正治がイエスと言わない限り、取締役はだれも常務になれない、常務や専務も、次にあがれないという空気が蔓延《まんえん》していった。その分、正治の影響力が増し、相対的に谷井の求心力は落ちていった。

松下家に近かった元幹部社員によれば、「正治さんは、そのうち人事案だけでなく、事業買収などにもズケズケものを言いだした。反対したくてもできない案件だと、『決裁願』の書類に逆さまにハンコを押していた。それがまた、アッという間に、会社中に知れわたるわけや。あの案件、会長は不同意やと――。だから、そういう事態にならないよう、治めて、治めて、やっていこうとするようになった」

正治の巻き返しによって、見えない包囲網がじわじわ谷井を追い詰めていくことになる。そしてそのことに気づいた時には、すでに事態は谷井をからめ取っていた。

第3章

かくて人事はねじ曲げられた

ソフトを手に入れろ

松下電器（現パナソニック）では、毎年1月のはじめ、年間を通して取り組む経営スローガンを発表している。

平成2（1990）年1月のスローガンは、「Break Through／ブレイク・スルー」だった。同社の歴史のなかで、はじめてアルファベットをつかったスローガンを採用し、文字どおり殻をやぶって、新しい価値を創造しようと全社員に呼びかけたのである。

翌年もまた、同じ「Break Through」とした。

2年続けて「Break Through」としたのは、創業75周年を2年後に控え、大いなる飛躍を目指してのことだった。この年の11月には、米国の総合メディア企業MCA（現NBCユニバーサル）の買収に成功していて、傘下のユニバーサル映画の持つ膨大な映像ライブラリーなどを活用するための中期事業計画が立てられている。

谷井昭雄社長を支えていた元役員のひとりもまた、「そのための、あらゆる仕掛けを講じていた」と語った。

「当時の僕らは、映像や音楽を視聴者に直接配信するオン・デマンドという概念が、近い将来、家庭のテレビを介して広まるだろうというイメージを持っていた。それだけに、これからはコンテンツが大事になる。もう少しソフト志向で行こう、それが将来あるべき姿やということでした」

オン・デマンドの前段階として、まずは、10年に一度の大型商品として開発されつつあったＤＶＤ（デジタル・バーサタル・ディスク）とソフトを組み合わせることで、あらたなビジネスモデルを創造しようとした。

「ＭＣＡの保有する映像や音楽ソフトを、ＤＶＤディスクにプリントして販売する。そうすれば、ＤＶＤプレーヤーというハードだけじゃなしにソフトでも稼げる。〝ソフトとハードの融合〟ということで、展開ストーリーを組んどったんですよ」（前出・元役員）

「ソフトとハードの融合」という事業概念は、それまでの松下に無かった、まったく新しい事業を生みだすはずだった。

この未経験の事業を成功させるカギは、ＭＣＡの買収以外に、ＤＶＤのディスクの規格でデファクト・スタンダード、つまり市場における事実上の業界標準を取ることであった。

デファクト・スタンダードを取れれば、ライセンサー（実施許諾者）として、DVDを製造する他のメーカーから規格料（特許料）を徴収することができる。しかもそのディスクに、各種ソフトをプリントすることで、ソフト収入をもたらしてくれる。メーカーとして、DVDの再生用デッキを製造販売するだけでなく、ディスクの規格料と再生ソフトでも稼ごうというものであった。

谷井社長のもとで副社長を務めた村瀬通三が、当時、部下に語っていたところでは、ディスクの規格料だけで毎年純利益で50億円が転がり込む計算だったという。

また、映像ソフトの販売収入にしても、新作映画が数本ヒットすれば、それだけで優に100億円以上の二次的ソフト収入が見込めたのである。

MCA会長ルー・ワッサーマンの評伝『The Last Mogul』によれば、平成5（1993）年に公開された映画「ジュラシック・パーク」や、その続編の「ロスト・ワールド／ジュラシック・パーク」などの大ヒットによって、「1997年に販売した、それら映画のビデオ収入は、1億1300万ドルにのぼった」とある（当時の為替レートで約141億円。以下、その時々の為替レートで円換算した)。

MCAは、7大メジャー映画会社のひとつ、ユニバーサル映画を傘下に持ち、ステイーブン・スピルバーグやオリバー・ストーンなど大物監督と専属契約を結んでいた。

松下電器がMCAを保有していた平成5年に配給した映画18本のうち、スピルバーグ監督が代表を務める製作会社「アンブリン」がつくった3本の映画の配給収入は約604億円。この年のMCAの映画興行収入814億円の実に7割を稼ぎ出していたのである。3本の映画は、「ジュラシック・パーク」と「シンドラーのリスト」、そしてアニメの「恐竜大行進」だった。

MCAは、テレビ番組部門でも「刑事コロンボ」や「私立探偵マグナム」など人気ドラマシリーズを制作していたうえ、音楽分野では、R&B(リズム・アンド・ブルース)の老舗モータウン・レコードを保有していたほか、ポップスからヘヴィメタルまで、幅広い音楽ファンを持つゲフィン・レコードを吸収合併するなど、映像ソフトと音楽コンテンツの宝庫であった。

まさに、「ソフトとハードの融合」を実現させるには、欠かせない企業であったのだ。

幸之助好みの男

ＭＣＡの買収に向け、松下電器が具体的に動き出したのは、平成元（１９８９）年12月のことである。きっかけは、松下電器の経理・財務担当副社長だった平田雅彦が、ロサンゼルスのタレント・エージェント会社ＣＡＡ（クリエーティブ・アーティスツ・エージェンシー）の社長マイケル・オービッツと知り合ったことだった。紹介者は、当時、日本ビクター専務の丹羽靖一郎であった。

元日本ビクターの経営幹部は語っている。

「ウチが、ソニーとの〝ビデオ戦争〟に勝利できたのは、ＶＨＳでしか見られない映像ソフトを豊富に取り揃えたからです。見たい作品があっても、ソニーのデッキでは見られないとなれば、当然、お客さんは、ベータ方式ではなくＶＨＳ方式を求める。ハードの性能よりも、ソフトの品揃えによって、売り上げが左右されるようになったのは、あれが最初でした。だから青息吐息で、ロサンゼルスのソフトメーカーに行ってはソフトを買い漁った。その購買責任者が、丹羽靖一郎さんでした」

丹羽は、映像ソフトの買付を通し、マイケル・オービッツと昵懇《じっこん》の仲となり、平田にオービッツを引き合わせたのである。

昭和29（1954）年に松下電器に入社した平田は、その後、昭和42（1967）年7月から17年間、日本ビクターに出向していて、丹羽とは机を並べた仲だった。出向期間が12年を越えようとしていた頃、自ら願い出て、日本ビクターへの転籍を果たそうとしたこともあった。しかしその手続きを終えた約1時間後、幸之助から直接電話があり、転籍を取り消されていた。

平田の自伝的エッセー『二人の師匠 松下幸之助と高橋荒太郎』には、その時の幸之助との会話が記されている。

「『平田君、松下を辞めたいと言っているそうだな』

『いや私の気持ちは何も変わりません。ただ、日本ビクターの人になりきったほうが良いと思い、山下社長とも相談しました』

『あかん、君何言うてんねん、辞めたらあかんで』

呆然とした。まさか創業者自身が電話してくるとは夢にも思っていなかった。あのとき創業者は何を考えて電話してきたのか。そのとき以来、私の松下電器退職の話は打ち切りになった」

当時、平田が、山下俊彦にした「相談」とは次のようなものだった。

「ある日、久しぶりに山下社長のところに行った。『松下電器を辞めさせてくれませんか』。私は山下さんに言った。『なんでや』と山下さんは聞いた。私は『日本ビクターの人たちが心から信頼してくれるようになりました。この人たちのこの信頼を思うと、松下電器からの出向者という尻尾がついているのが申し訳なくなりました』『そうか、本気になってそう思うのやな』。『はい』。『それじゃ検討してみるから時間をくれ』

そして一週間ぐらいたってまた直接電話があった。

『あの件な、君の言う通りにする。後で人事から連絡させるからな』

私は『有難うございました』と答えた。

昭和五十四（一九七九）年四月、松下電器東京支店に呼び出された。山下社長が待っていた。

退職者は一人で、私のために席を作ってくれていた。賞状と記念品を渡され、山下社長と並んで記念写真を撮った。『退職金は計算が遅れているから後日人事から連絡するから』ということだった。淋しいようなほっとしたような気持ちで日本ビクター本社に帰ってきた」

このような律儀さは、幸之助がもっとも心ひかれる身上である。

過去においても、元松下電器副社長で、技術最高顧問をつとめた中尾哲二郎が、関東大震災の翌年、恩義ある最初の奉公先の主人から事業の再建を頼まれ、松下を退社したことがあった。この時、幸之助は、中尾が再建を手伝っていた会社を松下電器で面倒をみることにし、時を置いて、再び中尾を松下に迎え入れたのである。

先の「相談」の日から6年後、平田は経理担当取締役として松下にもどり、翌年には常務、翌々年には専務となり、復帰3年後に副社長に就任していた。その平田を、かつての同僚の丹羽が助けるかたちで、オービッツとの会談がセットされたのである。

巨大な買収計画

平成元（1989）年12月、平田とオービッツがハワイで初会合した際、早くもMCAの買収が話題にのぼったという。オービッツは、単なるタレント・エージェントではなく、ソニーがコロンビア映画（現ソニー・ピクチャーズエンタテインメント）を買収した際の、ソニー側代理人でもあった。

「ハリウッドの映画会社をどこか買収できないかと模索していたところへ、〝棚ぼた〟でMCA買収の話が持ち込まれた。話を持ち込んだオービッツの思惑は、松下がMCAを買ったのち、いずれ自分がそのトップに座りたいというもので、それにウチが乗るわけです。で、この話を進めようとなった」（「客員会」の重鎮のひとり）

谷井は、平田をMCA買収の〝特命全権担当〟とする一方で、オービッツとの間でアドバイザー契約を結んだ。契約内容は公表されていないものの、『The Last Mogul』によれば、「オービッツの報酬は、4000万ドル（約52億円）」だったとある。

松下側代理人となったオービッツの働きぶりについては、ニューヨークの投資銀行家フェリックス・ロハティンの自伝に詳しい。ニューヨークの「フォーシーズン」ではじめて昼食をともにした際、オービッツは、松下によるMCA買収計画をロハティンにこう持ちかけた。

「『一年も前から』と、彼は説明を始めた。松下と提携して、この巨大な会社の将来についてビジネス戦略を練ってきた。この提携の結果ハワイで秘密会議を何回も開き、彼自身と、クリエイティブ・アーティストの部下、そして松下の役員集団とが議論を重ねてきた。ハワイ協議の結果、MCAのビジネスミックス、つまり映画、レコード、テーマパークの混成が松下の長期成長計画にとって、最もふさわしいと結論づけられた。日本の経営幹部に対してプレゼンが行われ、本気でこの考えが検討された。最近になって、社内の最上部の間で結論が出たと、オービッツはにわかにかしこまった口調になって、『松下はMCAを買収したい考えをもっている』と言った。

彼は続けて、この日本企業はワッサーマン個人にも、また業界における彼の揺るぎない地位についても敬意を抱いているのは間違いないと、わたしに請け負った」

投資銀行家のロハティンは、MCA会長のルー・ワッサーマンと親しかっただけでなく、自身もMCAの役員を務めていた。オービッツは、この投資銀行家を介し、MCA会長のワッサーマンに渡りをつけたのである。オービッツが持ち込んだ松下側の買収提案は、MCA側にとっても悪い話ではなかった。

当時、年間売上高30億ドル（約3900億円）のMCAにとって、約4兆5000億円の売上を誇っていた松下電器は、「MCAの成長を財政的に強化する裕福な会社」であり、まさにそのような「会社との合併」を考えていた矢先のことだったからだ。

本格的な買収交渉に入る前に、ワッサーマンは、古くからの友人である元米通商代表部代表のロバート・ストラウスに、この買収劇が、ワシントンの高官たちに与える心理的影響を探るよう依頼した。そのストラウスからワッサーマンへの報告内容が、先の『フェリックス・ロハティン自伝』に記されている。

「（映画会社という）この国の偉大なる文化資産である会社を、外国支配にゆだねると考えただけで、ワシントンの有力者たちはきわめて神経質になるだろうとストラウスは言うのだ。

だが、話が終わる頃になって、彼は経営陣や政府関係者が抱く問題といっても、松下が道理をわきまえた値段を提示すれば、感触としては、それですべてうまくいくかもしれないと言った」

要するに、MCA株を、松下側が不当に買い叩きさえしなければ、米国の世論が反発することはないというわけである。

一方、松下側も、平田副社長をサポートしていた法務担当専務の豊永恵哉が、ホワイトハウスへの根回しをおこなった。

当時の事情をよく知る松下の元役員によれば「映画は、政府のプロパガンダと直結しているので、外国企業が買収するにあたってはホワイトハウスの許可がいる。豊永さんは元通産官僚で、レーガン大統領（第40代）時代の国務長官ジョージ・シュルツさんと交友があり、その人脈を通じ、まさに苦心惨憺《くしんさんたん》の末、ホワイトハウスの了承を取り付けていた」。

株価を巡る攻防

政治的な外堀が埋められ、事務的な交渉を経たのち、ようやく平田副社長とワッサーマン会長との初顔合わせがセットされた。松下側からは、専務の豊永とアドバイザーのオービッツ、MCA側は社長のシドニー・シェインバーグと投資銀行家のロハティンが同席している。

平成2（1990）年11月18日の日曜日、ニューヨーク・マンハッタンの高級ホテル「ホテル・プラザ・アテネ」のスイート・ルームで持たれた会談は、日米の企業文化の違いを浮き彫りにする場となった。

通訳を挟んでの会話はなかなかはかどらず、沈黙に耐えかねたシェインバーグが、コース料理の最初に出たメロンと生ハムをフォークで指し示しながら、「日本には、凄いメロンがあるそうですね」と話題を振ると、平田はこう返した。

「ええ、素晴らしいメロンです、なぜかというと、エレクトロニクス技術で温める温室があるからです」

洗練された会話や意外性のある比喩で、ゲストをもてなすことに慣れている彼らからすれば、いかにも生真面目で、いかにも拍子抜けする発言だった。この時、ロハティンは、このようなコミュニケーションしかできない相手との先行きに不安を覚えたと述べている。

買収交渉において、最大のネックとなったのは、当然のことながら株の売買価格だった。

MCA側は、当初、「道理をわきまえた値段」として、ひと株75～90ドルを提示し、松下側は60ドルを要望した。その後、64ドルまで引き上げたところで、お互い譲らず、膠着《こうちゃく》状態となっていた。

なんとしても、MCAを買収したかった谷井は、MCAとアドバイザー契約を結んでいた前述のストラウスとの間で、あらたに松下側代理人を務めてもらう契約を結んだ。11月12日に結ばれたこの契約は、「日米政府間の問題に限定して、ストラウスのアドバイスを受けることができ、買収交渉のネゴシエーションなどはおこなわない」ことになっていた（「ロサンゼルス・タイムズ」1990年12月1日付）。しかし、この〝利益相反契約〟によって、開きのあった株価は、すんなり調整されている。

感謝祭の前日、11月21日にストラウスは、ワッサーマンと食事をしたあと、株価の合意まで、「どれくらいかかるんだい」と尋ねた。ワッサーマンは、「あと2ドルか3ドル上がれば、その気になるかもしれない」と答えた。

そして4日後の11月25日、MCAの取締役会は、松下電器による買収に同意の議決をおこなった。株の価格は、ワッサーマンの希望した通り2ドル上乗せされ、ひと株あたり66ドルだった。

正式の買収契約書には、MCA首脳陣への報酬額も記されていて、それによると会長のワッサーマンの給与は年間300万ドル（約4億円）。これとは別に、ワッサーマンの保有するMCA株は、非課税の「松下優先株」と交換されている。ワッサーマンの評伝によれば、この優先株には「年間8・75％の配当金——およそ2800万ドル（36億円）の支払い保証」がなされていたという。合計すれば、給与と配当金で、ワッサーマンは、毎年、約40億円を得ていた計算となる。

また、社長のシェインバーグには、雇用契約金として2100万ドル（約27億7000万円）が支払われたほか、同契約期間中は、毎年860万ドル（約11億4000万円）の給与保証がなされた。

契約調印から約2ヵ月後の平成3（1991）年1月15日、谷井昭雄は松下電器の社長としてはじめてMCAを表敬訪問し、ワッサーマンとの初会談に臨んでいる。ビバリーヒルズのワッサーマンの自宅で、ディナーの食卓を囲みながら、谷井はこう言った。「MCAはこれまでどおりに〝独自にのびのびと〟経営なさってください」。親会社の社長として、MCAに全面的な経営支配権を与えると明言したのである。

しかし谷井の思いとは裏腹、この約束が履行されることはなかった。その意味では、投資銀行家のロハティンが平田の〝ジョーク〟に覚えた不安が、のちに的中することになったわけである。

運命を変えた人事

松下がMCAの親会社になって、ほぼ1年後、MCA会長のワッサーマンが、谷井の言葉通り、経営の「自由裁量権」を行使して、英国のヴァージン・レコードを買収しようとしたことがあった。しかし松下は、その買収にストップをかけている。

その3ヵ月前に発覚した子会社ナショナルリースの不正融資事件で、経営は混乱の極みにあり、とても子会社の提案を検討する余裕などなかったからである。

それどころか、ナショナルリース事件の余波で、翌年にはMCAの担当役員であった副社長の平田が失脚し、追討ちをかけるように発生した〝欠陥冷蔵庫事件〟によって、翌々年には社長の谷井までが失脚してしまったのである。

いまにして思えばナショナルリース事件の遠因は、事態が発覚する5年前、昭和61（1986）年2月の役員人事に、その萌芽を認めることができる。

通常、松下電器では、定期株主総会の数ヵ月前になると、会長、社長、人事担当役員が集って〝トップ人事〟を決めてきた。あらたな経営方針を推進するにあたっての、役員の昇格や新任役員の登用、さらには役員候補となる理事の選定である。加えて、退任する役員の処遇なども協議される。

ただ、特別な事情が発生した時などは、過去、これとは別に、社長室に複数の役員が集まり、人事について協議することがあった。5年前の人事は、そんな特別な事情がからんでいた。

この年は、トップ人事で大きな動きがあった。

まずは、社長の交代劇があり、山下俊彦から谷井昭雄に社長が引き継がれている。また、3名の新任取締役が登用されているが、そのひとりは40歳で最年少取締役となった創業者の孫、松下正幸であった。一方で、退任させることになっていた取締役のひとり、岡城一二夫《ひふお》の処遇について、谷井は決めあぐねていたのである。

谷井の元側近によれば、社長を引き継ぐにあたって谷井は、山下から岡城はあらゆる役職に就けてはならぬ、と申し渡されていた。その厳命を守るかどうかで悩んでいたという。

「岡城さんは、仕事はできるが、酒を飲むと人間が変わってしまう。大切なお客さんに対しても、しばしば礼を失することがあり、その悪酔いといったらすごいもんだった。だから、自分でも精神状態を平穏に保つため、写経を熱心にされていましたが、飲んだらあかんかった。それで山下さんが、切ったわけです。しかし岡城さんは、まだ54歳と若かったこともあって、何の処遇もしないで切るのはかわいそうだ、とクレジット担当の常務が谷井さんに頼むわけです。それで〝情の人〟でもある谷井さんは悩んでしまった」

岡城の処遇をどうするかで、谷井の側近たちは、侃々諤々の議論を繰り返した。

「人事に情をからめるとロクな結果をもたらさない。本人のためにもならない」という声が大勢を占めたというが、最終的に谷井は、岡城を子会社のナショナルリースの社長にすることを決めている。

ただし、2期4年限りということだった。その後は、会長か相談役にしたうえで60歳の定年まで面倒を見ることで、「山下の命と自身の情の妥協をはかろうとした」のだろう。しかし、これが大いなる失敗の引き金となった。今日のパナソニック（旧松下電器産業）の衰退は、この〝温情人事〟に起因しているといっても過言ではないからだ。

当時の事情を知る谷井の元部下もこう言った。

「谷井さんは、まあ子会社やったらそんなに影響はないやろ、と高を括《くく》っていたのでしょう。しかし考えてみれば、子会社であるがゆえに、本社の目が届きにくく、管理がいきわたらないわけです。岡城さんも、おとなしく本社の指示を仰ぎながら経営してればいいものを、復権を狙ってか無理をしすぎた」

事件発覚

ナショナルリースは、もともと、松下製品の販売促進を目的に設立された会社であった。その社名通り、ビルやホテルを建設する施主に、松下製のエレベーターや照明器具、テレビや音響設備などをリースするというのが、その主な業務だった。

これに対し岡城は、より積極的な営業活動を展開し、驚異的なまでに業績を上げていった。そして2期4年の任期が来た時、谷井から「ようやってるやないか」という評価を得ることになる。「予定通り、社長を退任させ、せめて会長に棚上げすべきだ。後継社長は、副社長の平井武久を昇格させるべきで、このまま置いておくのは危ない」と進言した側近もいたが、3期目の重任が決まっている。

決め手は、経理・財務担当副社長の平田雅彦の支持だった。

谷井の元部下が、続けて語る。

「平田さんと岡城さんは、昭和29年の同期入社ということもあってか、せっかく、ここまでやっているんだからと、強く推した。社長ばかりか、経理担当の副社長までが支持すれば、誰も反対できなくなりますから。それ故の社長続投でした」

皮肉なもので、ナショナルリース事件は、MCAの買収を成し遂げた谷井社長と平田副社長によって、もたらされた事件であったとも言える。当初の予定通り、岡城が社長を退任していれば、この事件は起きていなかったはずだからだ。

「続投によって、岡城の独断専行に拍車がかかり、以前に増して本社のチェックが利かなくなってしまった。その結果として、あの事件が起こった」

こう前置きして語るのは、元松下電器の役員である。

「そもそも岡城を、ナショナルリースの社長にするにあたっては、本社から平井武久を〝チェッカー〟として送り込んでいた。ところが岡城が、かつての部下を経理担当常務で呼んで、平井に経理を見させなくしてしまった。事業内容に関するチェックポイントも設けてはいたものの、その気になればいくらでも誤魔化せますからね。今さらながら、2期4年で替えておけばよかったと悔やまれます」

事件の第一報が報じられたのは、平成3（1991）年9月2日だった。

その前日、本社広報部から、松下電器の複数の役員に、「明日、新聞に出ます。しかし融資額に見合う担保はちゃんと取っていますので大丈夫です。ご心配かけますが、カネの面では問題ありません」との連絡がはいった。

「大丈夫」のはずの融資案件は、やがて親会社である松下電器の屋台骨を揺るがすまでの大騒動に発展する。谷井社長以下、経営陣は、連日の報道に振り回され、仕事どころではなくなってしまうのである。

大阪・ミナミの料亭「恵川《えがわ》」の経営者で、女相場師ともてはやされていた尾上縫《おのうえぬい》のもとには、当時、信用金庫やノンバンクの融資担当者が詰めかけ、融資合戦を繰り広げていた。

ナショナルリースも、尾上縫に８０５億円を融資していたのである。ただ、本社のチェックが利いていた頃は、社内規則に基づき、割引金融債や都市銀行の株券などですべて担保を押さえていた。ところが、岡城の3期目の続投が決まり、管理が甘くなった途端、営業担当社員が〝上客〟である尾上の求めに応じ、一時的という約束で担保を返却してしまったのだ。

この〝担保抜き〟が背任に問われ、担当社員が大阪地検特捜部に逮捕されると、マスコミで派手に取り上げられ、社会的な批判を浴びることになった。

その混乱ぶりを横目で見ながら、3代目社長で相談役に退いていた山下俊彦は、親しい役員にこう漏らしている。いつまでゴチャゴチャと何やっとるんや。パッパッ、パッパッと処理してしまえば、きれいに済む話を、無様にこじらせてからに。彼らの限界かなあ……。

独得の美学を持つ山下は、仕事ぶりが気に入らなければ、冷たく突き放すところがあった。

「山下さんというのは、シンプルに考える人なんです。こういうことをやりたいと進言したら、おう、やったらええがなと言う。やってみたものの、うまくいかないと言うと、なら、やめとけですな。じゃ、どうしたらええでしょうかと言うと、お前、自分で考えろですわ。その三つなんだから。そして何も言うて来ん奴は、もう、どっかへ飛ばせですから、実にシンプルな経営ですよ」(「客員会」の有力メンバーのひとり)

この時もまた、山下は、事件の対応に苦慮する谷井を支えようとはしていない。

結局、騒動の収束をはかり、批判の報道が鳴りやむまで半年以上の時間がかかっている。

責任のなすり合い

のちに、明らかになるのだが、ナショナルリースの業績の驚異的な伸びは、実は、岡城の経営手腕によるものではなかった。松下電器の〝特殊な事情〟と、ナショナルリースと取引をはじめた銀行の思惑によって生み出された成果だった。

松下電器は、都市銀行では住友銀行（現三井住友銀行）と協和銀行（現りそな銀行）の2行としか取引をしてこなかった。とりわけ住友銀行との結びつきは深く、同じ関西系の三和銀行（現三菱東京UFJ銀行）は、どんなに営業努力をしても取引が叶わなかった。

これは、昭和2年の金融恐慌で経営が行き詰りそうになった時、手を差し伸べてくれた住友銀行西野田支店の当時の支店長への恩義に、幸之助が終生応え続けようとしたからだった。同じ関西系銀行として、沽券にかけても松下電器との取引を開始したかった三和銀行は、まず、ナショナルリースとの関係を築き、それを足掛かりに念願の取引にこぎ着けようとした。その作戦のもと、岡城を営業面で全面的にバックアップしたのである。

当時の事情を知る本社役員OBが、振り返って言う。

「そこで、三和銀行は子会社でビル建設とその管理をしていた東洋不動産（現三信）と、ナショナルリースを組ませることにしたのです。つまり同不動産がビルを建設する場合、松下製品を購入するだけでなく、その建設資金の一部をナショナルリースから借入れるというスキームを作ったというわけです」

このスキームは、従来、三和銀行グループで用立ててきたビルの建設資金の一部をナショナルリースに肩代わりさせるというもので、その資金の手当てもセットでおこなっていた。しかも建設するビルの電気設備等は、松下から一定割合購入するというおまけ付きだった。

再び、当時の事情を知る松下の本社役員OBが言う。

「要するに、資金調達の苦労も、貸付金回収のリスクもなくて、利ザヤが稼げるうえ、松下製品も大量に販売できる。おいしい商売をさせてもらったわけです。このスキームに味を占めた岡城は、『ああ、こういうことができるんだ』となって、東洋不動産の取引だけにとどめておけばいいものを、いろんな物件に手を出していった。そして尾上縫に引っかかってしまうわけです」

経理に詳しい元幹部社員も、こう証言する。

「最初、ナショナルリースから受けた説明は、尾上が和歌山に老人ホームを作って、そこに松下製品を入れるので、資金を回して欲しいということでした。結果、都合８０５億円を融資し、約２００億円がコゲついてしまったわけです」

谷井は、事件発覚後、ナショナルリースの岡城社長を解任するとともに、本社幹部を含めた約40人を処分した。大量処分で事件の幕引きを図ろうとしたものの、処分者の名前を公表しなかったことで、批判の声を抑え込むことができなかった。

当時、日経産業新聞に紹介された社員の声は、まさにその象徴といえよう。

「私らは十円、百円のカネを削るために頭を悩ませて仕事をしている。それを料亭のおかみに何百億円もだまし取られるなんて幹部は何やってんのやと言いたい」（１９９２年３月25日付）

たった一度の〝温情人事〟が生み出した子会社の不祥事は、親会社の社長を執拗に追い詰めていく。もはや仕事どころではなくなり、関係する役員は、収拾策を求めて連日のように対策会議を開かねばならなかった。

「会社としては、不祥事はできるだけ穏便に処理し、隠そうとするのが普通ですやん。ところが、この時は、情報がどんどん表に出て行く。それに呼応するかのように、誰の責任やと、ゴチャゴチャ言い出す人がいて、責任のなすり合いというか、醜い議論がはじまった」（対策会議の実情を知る元幹部社員）

クレジット本部にすれば、自分たちにひとことの相談もなく、財務部が資金を出していながら、その責任を取れ言うのはおかしいやないかとなる。一方の財務部は、職制上、クレジット本部の傘下の組織やから、そっちで責任取るのが筋やないかといった具合だった。

欠陥冷蔵庫事件

結局、ナショナルリースは、リビング営業本部管轄の子会社ということで、事件の翌年、営業担当副社長の佐久間昇二を解任し、参与（役員待遇）とした。また、経理担当副社長の平田雅彦はヒラ取に降格。前年に財務部長から常任監査役になっていた佐野正彌は、わずか1年で退任させられている。

さらには、社長の谷井と会長の松下正治についても、3ヵ月にわたり役員報酬を50%減額する処分を科した。

解任を告げられた時、谷井との間で交わした会話を、佐久間は、ノンフィクション作家の立石泰則に明かしている。

「社長の谷井さんから呼ばれ、『リース問題を決着させるため、君に取締役を辞任して欲しい』と言われました。私は『そこまで責任が問われるところまで来ているのか』と思い、『分かりました』と返事をしました。そのとき、『私で止めてください』と谷井さんにお願いしました。

役員の誰かが責任を取らなければならないのなら、組織上、ナショナルリースを監督する立場にあった私が取るべきだと思いましたから、別に抗議めいたことも何も言いませんでした」

佐久間の解任と、平田の降格を告げる記者会見に臨んだ谷井は、「責任は社長である私にもある。しかし健全な経営を回復するのが役目と判断した」と述べた。

子会社の不祥事で、親会社役員がふたりも責任を問われるなど、前代未聞のことだろう。

見方によっては、谷井はふたりを切り捨てることで延命をはかったと言えなくもない。しかしその2ヵ月後、ようやく収まったはずの混乱が、再び、ぶり返すのである。俗に言うところの〝欠陥冷蔵庫事件〟である。

この事件は、松下電器の子会社で冷蔵庫を専門に製造していた松下冷機の、平成4(1992)年5月19日の決算発表会で、同社社長が「冷蔵機能が低下する故障が多発している」と発表したことに端を発していた。

発表にあたって、この日、実に〝奇妙な人事〟が決められていた。

6月末まで任期のあった松下冷機社長の瀧口融《たきぐちとおる》に代わって、本社顧問の高木博男を新社長に内定したのである。高木は、あたかもこの日に備えるかのように、前年に就任したばかりの松下電子応用機器の社長を9ヵ月で退任したのち、3ヵ月間の本社顧問を経ての社長内定だった。

正式には、6月の株主総会を待っての社長就任だった。しかし内定後の初仕事として、高木は先の決算発表をおこなっていたのだ。しかも高木は、その後もわざと騒動を大きくするかのような発言や、誤解を誘う不正確な説明を繰り返していくのである。

決算発表から約半年後の10月30日、高木は、松下冷機製の「大型冷蔵庫の4機種40万台」について、「予想以上に不良品が多かったため、全面交換に踏み切った」と発表したかと思えば、その約10日後、交換対象の冷蔵庫を約56万台に上方修正している。この修正は、松下冷機から、シャープに提供されていたコンプレッサーにも不具合が生じていて、その14万3000台を上乗せした数字ということだった。

また、毎日新聞の取材を受けた際には、「『人体に危害を加える性質のものではない』（高木博男・松下冷機社長）との判断から、これまで消費者に積極的に説明することはなく、受け身の姿勢に終始していた」（1992年11月11日付）と説明していた。

社長のクビが飛んだ

このような消費者軽視ととられる発言は、ただでさえ反発を買いやすく売上にも響くものだ。まして、騒動の渦中にあっては、火に油を注ぐようなものであり、致命傷となりかねない。およそ理解を超えた発言だった。

しかし高木は、ご丁寧にも朝日新聞に対しても、同様の消費者軽視の発言をおこなっていた。その不見識な発言を受け、朝日は、松下冷機の企業体質を批判する長文の記事を大阪本社版の解説・企画面に載せている。

「消費者への対応も、後手に回った、といえる。昨年春から、苦情の電話が増えたのに、新聞広告を出し、無料修理を呼びかけたのはこの11月10日だった。それまで、苦情があった分についてだけ、修理することにしたが、広告を出すまでに10万台に達した。営業の第一線から、本社幹部へのパイプも詰まり、故障多発がなかなか伝わらなかったようだ。信じがたいことだが、消費者に早く知らせるべきだ、との意見は社内にほとんどなかったという。高木博男社長も『広告を出すと、問い合わせが殺到し、修理に対応できなくなり、かえって消費者に迷惑をかける』と判断したという。素早い情報提供と社内の修理態勢は、そもそも次元が違う。松下グループといえば、欧米など消費者意識の強い国に製品を輸出したり、現地生産をしている。欧米で通用する話ではないだろう」(1992年12月2日付)

同記事は、松下冷機の「問題の機種の故障率は出荷台数の50％にも達した」とも指摘していた。社長としての高木の一連の発言によって、12月のボーナス・シーズンを前に、松下製品への不買運動が、いつ、起こってもおかしくない状況が作られていった。

当時、高木の発言を聞きながら、松下冷機の元幹部社員は、こんな感慨を抱いたという。

「高木社長は、冷蔵庫事件を治めるためにお越しになったと思っていたら、逆に、どんどん問題を複雑にし、大きくしていった。社長の会見を見ながら、あれは、事前に渡されたペーパーを棒読みしているなと感じたものです。でなければ、社長が、あんな不正確な説明をしたり、わざと消費者の怒りを買うような発言はしないでしょう」

「故障率は出荷台数の50％にも達した」という説明も、これが事実であれば、もはやメーカーとして存続できない異常な数値である。この「50％」という数字は、正確には「故障率」ではなく、念のため、新しいコンプレッサーと全面交換に踏み切った〝交換比率〟だった。

そもそも「故障率」の50％が本当なら、事態はもっと深刻になっていたはずである。同じ型番のコンプレッサーは、シャープ以外に東芝や外国メーカーなどにも提供されていたからだ。しかしそれらのメーカーでは、何の不具合も生じていなかった。

松下冷機の元役員もこう証言する。

「あの時期、ウチの冷蔵庫で不具合が生じたのは事実ですが、さほど深刻な問題じゃなかった。運転音が少し大きくなったり、氷が出来るまで時間がかかるといった程度。ところが、シャープ製の冷蔵庫は、大幅に機能が低下していたのです。原因は、冷蔵機能の容量とコンプレッサーとの組み合わせにあった。要するに、シャープ製の冷蔵庫の設計に問題があったわけですが、いつの間にか、ウチが部品として提供したコンプレッサーに欠陥があったかのようなイメージが作られてしまった」

社長による不正確な説明に加え、不具合の原因を区分することなく曖昧にしたため、松下冷機にすべての責任があるかのような印象を与えてしまったというのだ。

「ウチからシャープに、コンプレッサーを提供するにあたっては、事前に冷蔵庫の構造を見せてもらっていた。すると、心臓部ともいうべきエバポレーター（冷却器）が、普通はひとつなはずなのにふたつ設置されていた。そんな設計の冷蔵庫なんか見たことがなかったんで、問題が起こった時に責任ようとらんから、詳細な図面を見せてくれと言うたわけです。そしたら、ナショナルの冷蔵庫にウチの設計盗まれるから嫌やという。ほな、一本書くかいうことで、シャープの重役のサインもろてるんです。故障が起こっても文句言いませんという趣旨の文書ですね。だから、本来、ウチが巻き込まれる筋合いの問題ではなかった」（松下冷機の元役員）

まして〝冷蔵庫事件〟に火がつく以前に、シャープとの話合いで、すでに問題は解決済みだった。それがいつの間にか、蒸し返され、あれよあれよという間にひっくり返されてしまったと言うのは、元松下電器の理事である。

「最初から、不具合の原因は、シャープの設計に問題があるいうのは明らかやった。しかし向こうは、ウチのコンプレッサーが悪いから不具合が生じたと頑張る。で、言うたら押し問答ですわ。そうこうしてるうち、悪いことは重なるもんで、ウチの冷蔵庫でも数件の故障が出た。それで、こっちもある程度引き下がらないかんということになった。社長同士だとややこしくなるので、シャープの浅田篤《あつし》副社長と、ウチの村瀬通三副社長との間で、落し所をさぐることになった」

話し合いの結果、修理費の負担などの対応策がまとまり、一件落着したはずだった。ところが、一向に事態は沈静化せず批判の報道が相次ぎ、とてつもない数の〝欠陥冷蔵庫〟を製造していたかのような印象を、広く消費者に与えることとなったのである。

谷井の元側近のひとりが、振り返って言う。

「リース事件で、モタモタしている時に、冷蔵庫事件が起こった。これで、谷井さんは、会長の松下正治さんに痛めつけられたわけや。その半年ほど前に、谷井さんが、正治さんにそろそろ会長をお辞め下さいと、引退勧告して以来、正治さんは、谷井憎しになっている。そこへ、こちら側のエラーが立て続けに出て、社長の座にじっとしてるというのが、むずかしくなってしまった」

元副社長の水野博之もまた、感慨深げに語った。

「冷蔵庫のコンプレッサー問題が、あんなに大きく報じられなければ、谷井さんは、正治さんとやり合ってでも、社長続投で頑張るつもりだったと思いますよ。あれが一番、こたえたと言うてました。自分は、製造人やからなぁって……。それまでは、取締役会なんかでも、正治さんとやり合ってましたからね」

メーカーにとって不良品の発生は、いわば不可避といっていい問題である。通常、どのメーカーでも不良品の販売が判明すると、テクニカルサービス部門の修理技術者が、購入者の家を一軒一軒、戸別訪問し、部品の無償交換などで、その問題を消していく。対応を誤った場合は別として、いちいち社長のクビが飛ぶような性格のものではなく、谷井の辞任は実に不可解な決断であった。

予想外の後継人事

谷井の後継社長は、常務の市川和夫に落ち着くものと、松下電器の幹部たちは誰もが思っていた。市川は、元筆頭副社長の佐久間の秘蔵っ子として早くから社長候補の呼び声が高かったからだ。ところが谷井は、なぜか、森下洋一を指名した。

再び、水野の証言。

「あれは、平成5年の正月明けですよ。最初の取締役会の直前に、谷井さんに呼ばれてね。4副社長のひとりだった村瀬さんと、そのひと月前に専務から副社長に昇格したばかりの森下君と一緒に社長室に入ると、わしは辞める、とひょいとおっしゃった。それで、後継者は森下君じゃ、と言う。森下君に文句言うことはない。選ばれたのは結構やけど、辞めるいうことに対して意見を言った。なんで、いま、辞める必要があるんや言うたんですよ。あと2ヵ月待ったら、人事の季節になるんだから、その時、辞めればいい。なんで、いま辞めるんやと、ずいぶん言うたんですけど、いや、これはもう決めたんやと、そのまま取締役会に入ってしまった」

そして谷井に次ぐ5代目社長として、それまで社長候補として名前のあがったことのなかった森下を正式指名したのである。

松下電器では、社長、副社長などトップ人事を決めるにあたっては、歴代の社長経験者に相談するという暗黙のルールがあった。裏を返せば、歴代社長の意向を無視して、トップ人事は決められないということである。当時で言えば、会長の松下正治と相談役の山下俊彦の意見を聞いたうえで、最終的に谷井は森下を指名していた。

山下は、谷井から相談される前、元部下の意見を聞きながら、市川か森下か、で悩んだ末、ナショナルリース事件や冷蔵庫事件などの混乱を治めるには、森下の方がいいだろうとの結論に達していたという。

谷井にしても、それまで従順な部下であった森下なら、自分が退いたのちも院政を敷けるとの計算があったはずだ。

しかし森下は、社長に就任するや、恩義を感じるべき谷井に背を向けた。社長を退き、相談役となってからの谷井の口癖のひとつは、森下への不満であった。親しい役員に、よくこう零していた。森下は、何にも相談に来んもんなあ——。

谷井が、見誤ることになった森下の忠誠は、実は、忍従することで養われた保身と処世の術だった。組織で生き残るための術だからこそ、人事権を持つ上司には従順であっても、権力の座から滑り落ちた元上司には、手のひらを返したように冷淡な態度をとることができたのだろう。

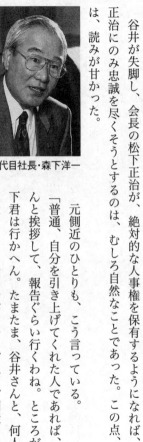

谷井が失脚し、会長の松下正治が、絶対的な人事権を保有するようになれば、その正治にのみ忠誠を尽くそうとするのは、むしろ自然なことであった。この点、谷井は、読みが甘かった。

五代目社長・森下洋一

元側近のひとりも、こう言っている。

「普通、自分を引き上げてくれた人であれば、ちゃんと挨拶して、報告ぐらい行くわね。ところが、森下君は行かへん。たまたま、谷井さんと、何人かの側近でメシを食う会があって、私は、側近のひとりに、君もえらい人間を育成したなあって言うたことがある。その人は、私は育成なんかしてません。この人が育てたんですと言って、谷井さんを指さした。すると谷井さんは、黙って下向いてしまわれた」

一方、正治は、以前に増して忠誠を尽くしてくれる森下を大いに気に入り、「朴訥《ぼくとつ》というのも、才能のひとつじゃなあ」と語っている。経営者としての手腕は別にして、森下の〝献身〟に満足しての言葉だった。

「客員会」の有力メンバーは語っている。

「森下は、上手じゃなさそうな顔をしてるけど、上手なところがありますよ。まさに、社長になって、突然、変わったわね。それまでは実直一辺倒で、営業なのにロクに話もできず、汗をかきかき説明していたのが、社長になってからは非情で独善的、およそ近づきがたい存在になった」

電撃解任

森下は、常に正治の意向を忖度し、正治もまた、森下を意のままに動かした。

実際、会長の正治は、社長である森下を差し置いて、人事を差配したほどだった。

なかでも、前出の元側近が忘れられないのは、〝財界の鞍馬天狗〟と異名をとり、生前の松下幸之助が〝ご意見番〟として取締役を託してきた中山素平《そへい》を、正治が、「意表を突く形で解任したシーン」だった。

「その日の取締役会が終わって、やれやれと、みんなが雑談はじめた時ですわ。議長席に座っていた正治さんが、中山素平さんを見据えて、おもむろに口を切った。もう、実にご苦労さんでした。22年の長きにわたり、まことにありがとうございました。さすがにもう、これ以上はお願いでけん。この度は、退任の手続きをさせてもらいます、とピシッと言わはった。これには皆、唖然《あぜん》としましたわ」

和やかな雰囲気は、一瞬にして凍りついた。しかし正治は、かまわず畳み掛けた。

「一昨年は、ご意向に反して取締役に留まっていただき、この2年間、実にご迷惑をおかけしました。心より感謝いたします。そう言うと、深々と頭を下げた。そうなると、素平さん、まだやるとは言えないですよ」

正治が、中山素平を解任するにあたり、持ち出した一昨年の「意向」とは、次のようなものだった。

平成3年にナショナルリースの不正融資事件で、松下の経営が混乱した際、中山は取締役の辞任を申し出ていた。日本興業銀行（現みずほ銀行）でも、同様に尾上縫に巨額融資をおこなっていたことが社会問題化し、同行会長の中村金夫《かねお》らが引責辞任していたからだ。

中山の出身母体であり、自身も頭取、会長を務め、特別顧問の職にあった興銀が世間を騒がしたことへの責任を感じてのことだった。

再び、前出の元側近が言う。

「当時の取締役会で、素平さんは興銀の件でご迷惑をおかけして申し訳ない。私もそろそろ、と言わはった。この任期を最後に取締役を退きたいと、辞任の意向を示されたんですね。しかし相談役の山下さんが、強く慰留した。正治さんも議長席から、まあ、そう言わずにと執り成して、素平さんの顔が立つようにして引き留めた。で、2年後、事件もかなり風化して、素平さんも、再びやる気満々になっているところを、正治さんが、見事なまでに切ってしまった」

この日、取締役会に出席していた役員たちは、「あの素平さんが、してやられた」と、のちのちまで語り継ぐことになる。

正治が、中山素平をなかば強引に辞任させた理由について、「客員会」のメンバーは、こう解説する。

「正治さんが、数え年で80歳になった時、谷井さんが、そろそろ会長をお退きになったらどうですかと、引退勧告した際に、素平さんも同調していたんですな。以来、正治さんは、素平さんが疎ましくて仕方ない。ただ、本人からの申し出であっても、ナショナルリース事件の渦中に、素平さんを切るとなると、正治さんのところにも責任論が巡って来る可能性があった。素平さんが辞めたんだから、正治さんも会長を辞任すべきやいう動きが起こりかねないわね。それでこの時は引き留めておいて、事件の騒動がおさまったあとでの、満を持しての解任ですわ。あの方は、自分の役に立たない人間を外す技術については天才的でした。そら上手でしたわ」

正治の権謀術数《けんぼうじゅっすう》をあざやかに見せつけられた役員たちは、一様に、以前にも増して正治に睨まれないよう、その思いを忖度しながら発言するようになっていったという。

第4章

潰されたビジネスプラン

鯛は頭から腐る

「鯛は頭から腐るいいますよね。ドタマが悪いとね、下がしっかり頑張っても、全部腐ってしまう。やっぱり、みんな、松下電器は潰れへんと思うてたんですな。それが判断歪めてきたわけや。驕れる者久しからずですな」

松下電器の海外渉外担当取締役だった井村昭彌が、当時を振り返って述懐した言葉は意味深長である。

井村は、平成5（1993）年に本社取締役兼米州本部長から、海外渉外担当に担当替えとなると、翌年、59歳で退社した。井村の担当替えから退社までの2年間は、とりわけ松下電器の経営が迷走した時期でもあった。会長の松下正治の個人的感情が、色濃く経営に反映されたからである。

平成5年に正治と対立関係にあった谷井昭雄が、社長を辞任すると、正治の意向に従順だった森下洋一が後継社長に就任。以後、多様な意見が汲み上げられなくなり、客観的な視点や長期的展望を欠いた戦術が乱用され、戦略が忘れられていったのである。

谷井が社運を賭けて買収したはずのMCAを、カナダの洋酒メーカー・シーグラム（現ビベンディ）に売却することを決めたのも、まさにこの時期だった。当初から買収に不満を抱いていた正治の意向に、森下が従ってのことである。

MCAの買収にあたって谷井は、副社長の平田雅彦を特命担当としたうえで、取締役会に詳細な経過報告を求めなかった。あくまで、秘密裡に交渉を進めるよう指示していたのである。当然のことながら、正治に対しても、十分な報告はなされなかったという。

会長として、創業家の代表として、松下電器を預かる立場の正治にとってみれば、いわば蚊帳の外に置かれたも同然の形で進行したMCAの買収は、谷井の身勝手な行動であり、出過ぎた経営と映るようになる。そんな感情的シコリもあって、正治は、MCAの買収に途中から反対の意向を示しはじめた。

井村によれば、その正治が最終的に同意したのは、次ぎの理由からだった。

「正治さんは、カネのない時にこんな買い物してからにと、取締役会でもえらい批判的でした。だけど、MCA会長のワッサーマンさんが来日して、正治会長、正治会長と立てるもんだから、最後は、正治さんも反対しなくなった。なんせ、ワッサーマンといえば、ハリウッドだけでなく、ワシントンでもよく知られた大物でしたから」

自尊心をくすぐられての、消極的同意だったわけだ。

ロシア系ユダヤ人のルー・ワッサーマンは、映画俳優組合の委員長から第40代米大統領となったロナルド・レーガンだけでなく、ニクソン大統領(第37代)のもとで国家安全保障問題担当大統領補佐官、ニクソン及びフォード大統領(第38代)のもとで国務長官を務めたヘンリー・キッシンジャーとも親しかったほか、米国の上流社会からマフィアの世界まで幅広い人脈を有していた(とりわけキッシンジャーは、ワッサーマンからの電話だとわかると直ぐに受話器を取った)。

もともとが、買収に面白くない思いを抱いていただけに、正治は、しばしば辛辣な発言で、本心の不同意をアピールした。「(MCAを)買うのはいいが、その金を銀行に預けておけば、年間六百億円の利子が手にできる」(「日経産業新聞」1991年10月29日付)といった具合に。

しかも正治の発言は、なぜか時間を置いて波紋となって広がっていく効力があった。買収後、初のMCAの決算が公表された時も、先の正治の指摘が正しかったかのような記事が、タイミングよく書かれているのである。

「買収前5年間のMCAの売り上げに対する営業利益率は平均10％。買収額61億ドルに対して約6％の利回りに相当し、『銀行に金を預けるのと変わらない』と、買収時に松下は胸を張っていた。しかし今年1－6月の同利益率は6％で、利回りは約4％に落ち込んだ」(「朝日新聞」1991年11月27日付)

買収から、約1年しか経っていないにもかかわらず、期待された成果をあげていないと批判するのは、あまりに短絡的であり、批判のための批判といってもいいだろう。しかしこの記事が一種の号砲となって、役員室のある本社2階、通称〝松の廊下〟の奥では、正治と谷井との激しい〝神経戦〟がはじまった。

谷井の元側近のひとりによれば、それは傍目にも、息苦しさを覚える攻防だったという。

「何かにつけ、しつこくネチネチやられてましたか

MCAのワッサーマン

ら。ＭＣＡの問題だけでなく、ナショナルリース事件でも、なんで、岡城（一二夫）を社長にした。調べたら、わかるやないか。こういう人事をした責任は、誰にあるんやとやられ、その後の冷蔵庫事件の時も、正治さんは谷井さんをいびり倒していた。毎日のように、会長からいびられるわけですから、ほとほと嫌になりますよ。だから最後は、谷井さん、一種のノイローゼみたいになって、何言うてるかわからんかった」

さらにこの元側近は、言葉を継いだ。

「ふたりが対立した原因の半分以上は、山下（俊彦・相談役）さんに責任があるわけです。山下さんは、正治さんを早く引退させよと言って谷井さんをけしかけた。谷井さんにしてみれば、その気になって、いよいよ引退勧告じゃと、本人に告げにいったものの、逆襲されたうえ、どんどん精神的に追い詰められていく。ところが山下さん、いっさい助けようとしなかったですからね。これ、七不思議のひとつですわ」

ハシゴを外された格好の谷井が、山下のもとに相談に行っても、山下は、もう、ええじゃないか。辞めたらええやないかと、冷たく突き放していたのである。この言葉に、谷井がキレての、社長辞任だった。

前社長路線の全否定

ただし、いたずらに感情に走り、社長の椅子を投げ出したわけではなかった。MCAを活用したあらたなビジネスモデルを後継社長の森下にしっかり引き継ぐよう、腹心の部下で副社長だった村瀬通三に指示している。

村瀬の元部下の証言。

「村瀬さんは、谷井さんから辞任を告げられた時、もう、ややこしいから、一緒に辞めまひょか、と言うてるんですね。しかし谷井さんは、いや、君は残ってくれ。残って、MCAを生かした経営戦略の引き継ぎをやってくれと言われている。ところが森下さんは、村瀬さんの進言を聞き入れるどころか、そのうち会おうともしなくなった」

森下が、新社長として打ち出した方針は、ひとことで言えば、谷井路線の全否定だった。この方針は、正治の指示ではなかったものの、その意向を忖度したものだった。正治が、MCAをお荷物と感じている以上、森下もまた、これをお荷物として扱い、あくまで厄介な子会社として管理しようとしたのである。

だからこそ、谷井がMCAに約束したはずの経営の自由裁量権を、決して与えようとしなかった。MCAが提案した有望な事業プランを、森下はことごとく却下した。

そのひとつが、テーマパークの「ユニバーサル・スタジオ」を大阪の湾岸エリアに建設しようという事業プランだった。それまで、松下側の担当者を交えてミーティングを重ねてきたこのプランは、「小さな投資ながら、大きなリターンを生むビジネスであった」。

平成5（1993）年6月、MCA社長のシドニー・シェインバーグは、松下本社でのプレゼンテーションを前に、「MCAにとってテーマパークは特別のものだが、それほど大した手間ではない。夫婦だけの家庭に、われわれの愛しい子供を連れて行くようなものだからね」と語っている（「ニューヨーク・タイムズ」1994年11月4日付）。

それまで一緒になって建設候補地を検討し、大阪市此花区に決定していたこともあって、当然、もろ手を挙げて歓迎されると思っていた。ところが、このテーマパークという「愛しい子供」を、森下は、容赦なく蹴っ飛ばしてしまったのである。この時、シェインバーグは、抑えがたい憤り以上に、手のひらを返した身勝手な決定にやりきれないむなしさを覚えたという。

ちなみに、現在の「ユニバーサル・スタジオ・ジャパン（USJ）」は、松下電器がMCAを転売した先の、カナダの洋酒メーカー・シーグラムのもとで建設されたものである。ロサンゼルスのハリウッド、フロリダのオーランドに次いで3番目のテーマパークとなったUSJは、日本国内だけでなく海外からの来場者も絶えず、平成25（2013）年度の入場者数は1050万人で売上高は959億円。企業の収益力を示す経常利益も239億円を上げている。

繰り言ではあるが、MCAの提案を却下せず、松下で手掛けていればと悔やむ谷井時代の役員は多い。

敗戦処理

テーマパークの提案を却下した際、その弁明役を押し付けられたのは、副社長の村瀬通三であった。村瀬は、ニューヨーク・タイムズの記者からの電話取材に対し、いかにも苦しげに語っている。「松下のメイン・ビジネスは電子機器であり、このプロジェクトは、私たちにとって副業です。もし、バブルが弾けていなかったなら、状況はもっとよかったかもしれません。日本では、どこも資産価値の目減りによる影響を受けています。積極的にお金を使う状況ではないのです」(1994年11月4日付)

谷井路線を定着させるはずが、しかし村瀬に与えられた仕事は、この後も、谷井路線を全否定していく森下の尻拭いだった。村瀬は心のうちで毒づきながら、その役回りを役員定年の65歳まで約4年にわたって続けていたという。

当時の村瀬は、情報通信全般担当兼マルチメディア通信事業開発室担当の副社長であった。しかし実権を奪われ、「村瀬の言うことは聞かなくてもいい」とのお触まで出されていたのである。そんな環境下にあって、ひたすら〝敗戦処理〟に明け暮れた。

なかでも村瀬が、肚《はら》に据えかねる思いで処理にあたったのが、MCAが、再度の事業計画の承認を求めてきた時のことだ。

米放送局CBSの買収計画についての提案である。

CBSは、米国の三大ネットワークのひとつで、この時点で唯一の〝独立系放送局〟だった。あとのふたつはNBCとABCで、すでにNBCはゼネラル・エレクトリック（GE）の傘下にあり、ABCもネットワーク会社キャピタル・シティーズと合併していて、買収可能な放送局といえば、CBSしか残っていなかったのである。

当時を振り返って、村瀬の元部下がしみじみと語った。

「あの提案を、森下さんがすげなく却下した時は、村瀬さんは心底憤慨していた。ワッサーマンさんが気の毒や言うてね。しかるべき相手に、まっとうな敬意を払わなかったばかりか、露骨に侮辱した。いくら何でも、信義にもとる対応やった」

平成6（1994）年9月17日、この日、81歳になるMCA会長のルー・ワッサーマンと、59歳の社長シドニー・シェインバーグは、ロサンゼルスから14時間のフライトを経て、大阪府門真市の松下電器本社を訪問している。森下社長に、CBSの株式取得を承認してもらうためであった。

米国の法律では、親会社が外国企業の場合、放送局の株式は25％までしか取得が認められていない。ワッサーマンは、その限度数いっぱいの株を手に入れることで、MCAのさらなるメディア複合化を果たそうとしたのである。

CBSの大株主となれば、テレビとラジオのネットワークのほか、系列のケーブルテレビ局のネットワークをも手中に収めることになる。このようなネットワークを介し、映像や音楽ソフトなどをオン・デマンドで販売する方法は、いまでは当たり前となっているが、当時はまだその走りで、限られた〝流通チャンネル（放送局）〟を巡って熾烈な獲得競争が繰り広げられていたのである。

MCAは、松下側に対し、映像ライブラリーや音楽コンテンツなどをいくら豊富に持っていても、〝小売店〟となるネットワークを持たなければ、市場にアクセスすることができない。単に、豊富な商品を死蔵するだけでは、座して死を待つも同然、と説明した。

ところが森下には、そのビジネスの意味が理解できなかったか、理解しようともしなかったかで、いとも簡単に却下してしまったのである。しかもワッサーマンが憤慨し、以後、松下との関係を根本から見直そうと決意させるような、無神経な対応と態度によって――。

屈辱的な会議

ワッサーマンの評伝作家、デニス・マクドゥーガルが、その日の会談の詳細を書き残している。

「松下電器の本部に、MCAのふたりのトップが通されると、そこには数名の礼儀正しい、しかし地位の低い幹部が待っていた。映画制作にゴーサインを出す権限もない幹部に向かって、あれこれ売り込む脚本家コンビのように、会長のワッサーマンと社長のシェインバーグは、CBS提案について繰り返し説明しながら、屈辱的な2時間を費やした。ようやくランチ前になって、松下の社長、森下洋一が会議室に入ってきてこう言った。

『話はお聞きになったと思いますが』

『何を、聞いたっていうんですか?』

シェインバーグが問い返すと、森下は、会議室のテーブルに居並ぶ面々を見まわし、君たち、まだ言っていないのかと述べ、こう言い添えた。

『CBSの買収案は、すでに却下されています』

つまり、ワッサーマンとシェインバーグが、日本への飛行機に乗り込む前に決まっていた結論だった」

その瞬間、ワッサーマンの顔からは血の気が引き、土色になっていたという。怒りに震えながら、ワッサーマンは森下に向かって言っている。
「あなたは、ご自身の会社に巨大な損失をつくった人間として、後世に名を残すことになるでしょう」

まわりが取りつく島もなく、ワッサーマンは会議室を後にすると、名古屋の小牧空港に待機させていたプライベート・ジェットに乗り込みロサンゼルスの自宅まで帰ってしまった。

会談に臨むにあたって、ワッサーマンに不安がなかったわけではない。約1年前に却下されたテーマパークのことを思い浮かべては、憂鬱になっていたという。だが、こんなにも礼を失した形で拒否されるとは、まったく想像もしていなかった。いずれ袂《たもと》を分かつ相手であったとしても、少なくとも紳士的な接遇と、率直な意見交換ができるものと考えていただけに、その失望は計り知れないものがあった。

同行したMCA社長のシェインバーグも、のちにニューヨーク・タイムズのインタビューを受け、怒り心頭とばかりに語っている。

「彼らのやり方が問題だった。あの会議は、われわれのプレゼンテーションを聞くために開催されたのではない。提案を却下する理由を、われわれに言うためのものだった」(1994年11月4日付)

この時もまた、村瀬は尻拭いをさせられている。

ニューヨーク・タイムズの記者に対し、「森下が遅れたのは、この〝突然の提案〟について話し合うため、その日の朝に招集された特別執行役員のミーティングに出席したからですが、予想以上にこのミーティングが長引いてしまったのです」と弁明したのち、こう続けた。「これまでのよい関係に修復できるよう願っています。信頼関係をどう回復するか、考えているところです」(1994年11月4日付)

ワッサーマンの激昂ぶりに、すっかり度胆《どぎも》を抜かれ、あわてふためいた松下側は、村瀬の言葉通り、関係修復に向けた会談の申し入れをおこなっている。

その〝極秘会談〟が、10月18日の火曜日、ハワイでおこなわれることが決まるや、絶妙のタイミングでハリウッドを騒然とさせる〝事件〟が起こった。

もう、面倒や

会談の6日前、10月12日のことだ。シェインバーグに育てられた映画監督のスティーブン・スピルバーグが、突如として独自のスタジオを設立すると記者発表したのである。

スタジオの共同経営者は、元ディズニー製作部長のカッツェンバーグと、MCAの音楽部門の責任者ゲフィンで、彼らは、「3人が出しあう1億ドル（約100億円）以上の自己資金でスタートする」と説明した。この会見が、いかに急ごしらえであったかは、その時点で、スタジオの社名さえ決まっていなかったことからも明らかだろう。

のちに、彼らのスタジオは、数々のヒット作を飛ばす「ドリームワークスSKG」と名付けられることになる。SKGとは、スピルバーグ、カッツェンバーグ、ゲフィンの頭文字を並べたものだ。

ニューヨーク・タイムズは、スピルバーグの会見の模様を伝えるとともに、彼らのスタジオとMCAと、松下電器との今後の関係について解説している。
「MCA幹部の考えをよく知る人物の話によれば、（近く、MCAの）日本人オーナーは株買戻しについてのアプローチをうけるだろうとのことである。万一、松下が却下した場合、この人物が言うには、ワッサーマン氏とシェインバーグ氏は、たぶん会社を辞めるだろうとのことだ。そのような事態は、日本人オーナーへの強いダメージになりえる。というのは、スピルバーグ氏が自身の映画会社を設立した以上、彼は、MCAのために映画制作をする必要がなくなるからである」（1994年10月13日付）
要するに松下側が、ワッサーマンの株買戻しの要求に応じず、経営支配権を与えなければ、スピルバーグもまた、ワッサーマンと行動をともにすると述べているのである。スピルバーグが、MCAと縁を切ることになれば、それこそ企業価値は大幅に下落してしまう。
合理的に考えれば、スピルバーグを繋ぎとめておくためにも、ワッサーマンの要望を受け入れ、株の買戻しに応じ、経営支配権を与えるというのが妥当な選択であった。ましてこの記事は、極秘事項であったはずの10月18日のハワイでの両社の会談日程にまで言及していたのである。ワッサーマンの側が仕掛けているのは明らかだった。

いわば、勝負に出たワッサーマンに対し、松下側は、会談場所をハワイからサンフランシスコに変更しただけで、そのメッセージへの回答を準備していなかった。

サンフランシスコの「マーク・ホプキンス・ホテル」で開かれた会談には、松下側からは森下社長、村瀬副社長など7名が出席。MCA側は、ワッサーマンとシェインバーグ、それに通訳が同席した。

会長の松下正治は、会談そのものには参加しなかったものの、わざわざサンフランシスコまで足を運び、会談に入る前、ワッサーマンと30分間話し合っていた。5時間近くにわたっておこなわれた会談で、ワッサーマンは、ニューヨーク・タイムズの記事にあった通り、株の買戻しを求めてきた。そして「51%の株を買い戻し」、経営支配権が認められない限り、MCAを去るつもりだと正式に通告した。この強硬な姿勢は、ハリウッドという地での駆け引きにおいて、ずっと負け知らずだった彼らの自信に裏打ちされたものだった。

森下が社長時代の役員のひとりが言う。

「ワッサーマンがMCAを去ることになれば、スピルバーグ監督を失うだけでは済まされない。その後は、ワッサーマンに報復されるのではないかと疑心暗鬼になった。なにせ、相手はハリウッドだけでなく、ホワイトハウスにまで影響力のある大物ですから、やることなすことに、邪魔をしてくるのではないかと、縮み上がってしまったのです」

これが単なる妄想ではなく、現実感を持って捉えられたのは、松下電器とMCAとの契約関係にあった。

ワッサーマンは、MCA株を松下電器に売却するにあたって、自身が保有するMCAの株式7・1%を、持株会社である松下ホールディング・コーポレーションの優先株と交換していた。つまり、ワッサーマンは松下電器とともに、同社の大株主に名を連ねていたのである。そのため大株主の権利を行使し、厄介な注文を付けてくる心配があった。

当時の事情をよく知る元役員は、サンフランシスコでの会談直後の、取締役会の様子をこう明かす。

「もう、面倒やというのが、ウチの経営陣の反応でしたわ。このままワッサーマンの要求に屈したら、今後、際限なく事業プランが持ち込まれ、資金調達に利用されてしまうと心配する役員が少なからずいた。しかも、当時の森下さんの年間報酬が1億円程度なのに、ワッサーマンさんの報酬は年間約40億円でしょう。なんで、子会社の会長がこんな高額報酬なんや、おかしいやないかと言う人もいて縁を切ることになった」

そんな議論があったとは露も知らないワッサーマンは、株の買戻しに自信を深めていたという。ゆさぶりのあとは、なだめすかしによって関係改善に努めようとしているからだ。

MCAの売却

松下電器本社での二度目の会談に臨むにあたって、ワッサーマンは、松下側が喜ぶであろう〝お土産〟を持参していた。サンフランシスコでの会談から約3ヵ月後、年が明けた平成7（1995）年1月のことである。

ワッサーマンのお土産とは、スピルバーグ監督が設立したドリームワークスへの特別の資本参加枠であった。

見切り発車でスタートしたドリームワークスも、この時までには、事業体としての体裁を固めていた。資金面でも、米三大ネットワークのひとつＡＢＣや、ケーブルテレビ局のＨＢＯの出資を得るなど、すでに超優良企業として認知されていた。

来日したワッサーマンは、ドリームワークスの「特別出資枠の2億ドル（約２０６億円）分」を、松下に割当てると提案した。将来性のある企業への出資に、「松下は飛びつく」ものと思っていたところ、森下はなんの関心も示さなかったという。

これには、さすがのワッサーマンも当てが外れた。ただ会議の最後のほうで、松下の幹部のひとりが、ＭＣＡ株を買収した時の仲介人だったマイケル・オービッツが近く来日し、ＭＣＡの資産評価の作業に加わる予定になっていると口を滑らせると、一転、会議室は険悪なムードに包まれた。

ワッサーマンは椅子から立ち上がり、「60年にわたってこの仕事をしてきているが、わたしの業績をマイケル・オービッツに評価させるということには我慢がならない」と言うと、またしても決然たる態度で会議室をあとにした。

ワッサーマンと森下との違いは、浮き沈みの激しいハリウッドで、生き馬の目を抜くような仕事をこなしてきた海千山千の経営者と、ドメスティックな世界で営業畑しか歩いてこなかったサラリーマン社長との、主体性と自信とチャレンジ精神の違いによるものだった。

森下に沁みついた本能的な保身は、谷井たちが仕掛けてきたビジネスモデルの鍵となるMCAを失わせ、ワッサーマンの予言通り、松下電器に多大な損害を与えることになった。

のちに明らかになるのだが、この日の会談に臨むにあたり、すでに松下側は、ワッサーマンの要求を受け入れるのではなく、第三者にMCA株を売却する方向で動き出していた。

松下電器によるMCA株の転売プロセスを調査したロサンゼルス・タイムズによれば、サンフランシスコでのワッサーマンとの会談の翌月、森下は、MCAを買収した時の松下側代理人であったオービッツを来日させ、今後の関係のあり方についての、いくつかのオプションを作らせていたのである。また、翌12月には、ウォール街のエンターテイメント系投資銀行のアレン・カンパニーと大手投資銀行のゴールドマン・

サックスに対し、ＭＣＡの企業価値の評価を査定させてもいた。

そして年が明けた平成７（１９９５）年１月、森下とワッサーマンとの二度目の会談の直後、オービッツとその部下６名からなるチームが、入れ替わるようにして来日していた。彼らは、「森下をふくめた松下の上級幹部らと８時間にわたる会議をおこない、オービッツのチームは、４時間にわたりこれまで検討してきたオプションと、可能性のある戦略的提携関係について松下幹部に２ヵ国語で説明をおこなった」（１９９５年４月10日付）。

そして、ＭＣＡの売却方針が正式決定された。

ワッサーマンが会長でいる間に、ＭＣＡを売るのが、最も高く売れるという計算からだった。オービッツは、この後も数日滞在し、各種手配を整えたのち日本を離れている。それは阪神・淡路大震災の前日のことだった。

震災で、関西の社会と経済は大混乱に陥っていたが、しかし松下側の動きは衰えなかった。早速、オービッツの作成したオプションに従い、カナダの洋酒メーカー・シーグラムのエドガー・ブロンフマン・ジュニア社長と接触。大阪の松下本社で、数度にわたる秘密会談が重ねられた。松下側はＭＣＡ株を手放したがっていて、シーグラム側は手に入れたがっていたということで、この売却話はわずか3ヵ月ほどでまとまった。

松下電器が、シーグラムにMCA株の売却を検討しているとのニュースは、ウォール・ストリート・ジャーナルがスクープし、平成7年3月31日の紙面で報じられた。

この日、夜明け前の自宅に配達された同紙を書斎で読みながら、ワッサーマンははじめてその事実を知った。

黒縁メガネをかけ、長身で厳粛な風貌の82歳のワッサーマンは、執務机に広げたウォール・ストリート・ジャーナルを、食い入るように何度も読み返し、ようやく顔をあげたかと思うと、目をしばたたきながら、大きなため息をひとつ漏らした。ハリウッドでのビジネスをはじめて以来、半世紀以上にわたって誰よりも早く情報を摑んできた者が、完全に出し抜かれたことに強い衝撃を受けていたと、ワッサーマンの評伝にはある。

この日は朝から、MCA本社の14階と15階にある幹部役員たちのデスクの電話は鳴りっぱなしだった。記事への問合せが殺到したのだが、しかし誰も、その真偽を答えられずにいた。やがてフロア中で、「ワッサーマンは、松下から礼儀としての電話すらまだもらっていない」という驚きと憤りの声が、静かに渦巻いていったという。

“駆け引き”の勝者

ウォール・ストリート・ジャーナルの記事が出てから1週間後の4月7日。金曜の夜に、ニューヨークと大阪をつなぐ電話会議で財務関係についての最終合意にたどり着いた松下電器とシーグラムは、翌土曜の朝にかけて分厚い契約書を作成した。

4月9日、日曜日の午後3時。ロサンゼルスにあるシェアマン・アンド・スターリング法律事務所に集合した両社の幹部たちが、契約書にサインを終えたのは午後3時半過ぎのことだった。調印式をかたわらで見届けた65歳のエドガー・ブロンフマン・シニアは「すべてにおいて祝福する」、と息子の功績を讃えた。

この日の調印式に出席していた森下は、調印前の、午後の早い時間にワッサーマンを訪問しているが、その訪問にあたりブロンフマン親子に「一緒に行かないか」と誘っていた。ブロンフマン・シニアは、その申し出を断った時の心境を、自伝に書き残している。

「おそらく、それは修羅場を生みだしていただろう。ワッサーマンとシェインバーグは、すでにわれわれに激怒していて――そして松下にも怒り狂っていた――その理由は、こっそりと（MCA株の）取引きをすすめてきたからだ。私たちは、訪問によってふたりの感情を逆なでしたくなかったし、反感が増幅されたなか、買収後の交友関係をスタートさせたくなかったのだ」

仕方なく森下は、数人の部下とともに、ワッサーマンとシェインバーグをビバリーヒルズのそれぞれの自宅に訪ね、はじめてMCA株をシーグラムに売却したことを正式に伝えている。事後承諾であれ、形だけでも伝えたという事実を作っておきたかったのだろう。シェインバーグは、この時、自宅で孫の遊び相手をしていたが、森下に対し、「『松下はMCAの経営を破壊している』とののしった」という。

日本に戻った森下は記者会見で、「厳しい経営環境の中でMCAをどう生かすか。いくつかの方法があるが、要は松下電器の経営にプラスになるかどうかだった」と語り、「社長就任時から売却を念頭に置いていたことをほのめかした」。

同会見には、経理担当者も出席していて、「売却益はすべて現金。今時こんな大金をキャッシュで手に入れられる話はない」と、いかにも有利な契約であったかのようにアピールした。しかしこれは、実態を隠す欺瞞でしかない。

のちに明らかになる契約書には、森下が、破格の「卸売り価格」でＭＣＡ株を叩き売っていた事実が記されていた。それによって、確かに「キャッシュ」は入ったものの、反面、大きな損失を抱え込むことになった。

松下とシーグラムとの間で交わされた契約書が、ワッサーマンの手に渡った経緯はこうだった。

契約調印から約２週間後、ＭＣＡの新たなオーナー社長となった39歳のブロンフマン・ジュニアは、ハリウッドの高級レストラン「モートンズ」にワッサーマンを招待し、夕食をともにしながら、この間の交渉経過について報告した。その際、ブロンフマン・ジュニアは、ワッサーマンへの敬意を表し、松下側との間で結んだ１４７ページに及ぶ契約書のコピーをテーブルの上に差し出した。ワッサーマンはそれを受取り、ゆっくり目を通すためにと、自宅に持ち帰った。

同契約書には、松下が75億ドル（約８０００億円）で手に入れたＭＣＡ株の80％

を、57億ドル（約5861億円）でシーグラムに売却していた事実が記されていた。100％の株式売却ではなく80％としたのは、残り20％の株の中に、ワッサーマン名義の株が含まれていたからだ。ワッサーマンは、MCAを松下に売却する際、自身が保有するMCA株を松下ホールディング・コーポレーションの優先株と交換していて、その株は、ワッサーマンの了解なく売却できない取り決めになっていたのである。

売却額は、単純計算すれば約3億ドル（約205億円）の値引きに該当するが、これ以外にも松下側は、ワッサーマンの保有する優先株への年8・75％の配当金、2800万ドル（約29億円）を、これからも毎年、支払い続けることを保証していた。

しかも、同契約書には資産に含まれない債務は「1995年1月1日まで遡及する」との1条項があったため、平成6（1994）年に制作されたケビン・コスナー主演の映画「ウォーターワールド」の制作費2億ドル（約205億円）も、松下側でかぶることになった。この映画は、平成7年7月に公開されると、その年の最低映画作品を決めるゴールデン・ラズベリー賞の、最低作品賞、最低主演男優賞、最低監督賞、最低助演男優賞を総なめし、さんざんな興行成績に終わっている。

「客員会」のメンバーは、いかにも残念そうな表情を浮かべながら回顧した。

「MCAの買収は、その膨大なソフトに魅力を感じたからですわ。映像ライブラリーだけでなく、音楽著作権などソフトの宝庫やからね。ところが、森下には、その事業の奥深さが理解できなかった。加えて、全米の誰もが知るMCAのオーナーになることで、アメリカ国民から尊敬される地位を手に入れたという感覚もない。その辺のセンスがないから、苦労して買ったものを叩き売ってしまった」

松下電器社長の森下と、MCA会長のワッサーマンの間でなされた〝駆け引き〟の勝者は明らかだった。

ある女性社員の死

ワッサーマンは、傷心のうちにMCAの経営から手を引いたものの、長年、映画界に貢献してきた功績をたたえられ、米政府から民間人に授与される最高位の大統領自由勲章を贈られた。また、MCAの新たな親会社となったシーグラムのブロンフマン・ジュニア社長からは、名誉会長として迎えられている。

一方の森下は、MCAというコンテンツの宝庫を失ったことを悔やむこともできず、大人然として、こう言い放つのがせいぜいであった。

「ブロンフマン・ジュニア社長は三十九歳。この若き事業家から、二十一世紀のエンターテインメント産業のビジョンを聞き、決断した」(「読売新聞」1995年4月16日付)

ブロンフマン・ジュニアがはじめて映画に関わったのは、16歳の時だった。高校生のブロンフマンは、父親から借り受けた資金を、昭和46(1971)年に公開された「小さな恋のメロディ」の制作費として出資。この映画の大ヒットとともに、十分なリターンを手にしていた。以来、ブロンフマンは、映画産業に強い関心を抱き続けることになる。

念願のMCAを手に入れたブロンフマン・ジュニアが最初にやろうとした人事は、MCA株の買収で功績のあった松下側代理人のオービッツを、あらたな会長に据えることだった。

このことを知ったワッサーマンの激怒ぶりを、ブロンフマン・ジュニアの父、エドガー・ブロンフマン・シニアは回想録につづっている。「もし、オービッツが、その職に就くようなことになれば、永遠に私たちの敵になると、きっぱり言い放った」おかげで、オービッツは、MCAの新会長になり損ね、職探しをしなければならなくなった。そのことを知らされると、ワッサーマンは大いに溜飲を下げ、親しい友人にこう語ったという。「私は82歳になるが、今日は人生で最高に幸せな一日だ」

森下が、MCAを手放すのと前後して、「ハリウッドの映画産業はバクチ商売みたいなところがある。足元の経営すら困難な中で、海外投資案件を我慢して育てていくことが難しい状況になってきている」（「産経新聞」1995年4月11日付）といった類の、売却を好意的に見る記事を各紙はこぞって掲載した。森下にすれば、自己を正当化するうえでありがたい記事だったに違いない。

松下電器とMCAの関係がまだ蜜月の頃、ひとりの女性がこの世を去っていた。松下電器の国際契約部から、当時の平田副社長率いる特命チームに参画していた斎藤純子である。

映画作品への造詣が深かった斎藤は、ＭＣＡの保有する映像ライブラリーに関する克明な資料を作成し、特命チームの判断を助けた。そしてＭＣＡの買収契約が成立したのち、平田からワッサーマンに送る手紙の作成を依頼されると、その最後を「お楽しみはこれからだ」という台詞で締めくくった。

昭和２（１９２７）年に公開された映画『ジャズ・シンガー』で、主人公が語ったこの台詞は、無声映画からトーキー映画に切り替わった最初のスクリーンで観客に向けて発せられたものである。映画史上に残る記念碑的な台詞を盛り込んだ手紙に、ワッサーマンはいたく感動し、「松下には、本当に映画の心がわかる人がいる」と語ったほどだった。

その斎藤が、ガンに侵され、死期が近づいていることを知ると、ワッサーマンは一通の招待状を送っている。

「次年、一九九二年三月のアカデミー賞授賞式には、是非、斎藤純子さんを招待したい。もし、体調がすぐれないようなら、医師の許可をもらってくれれば、ベッドのままアメリカに来られるようにチャーター機で迎えに行きます」

だが、アカデミー賞の授賞式の約１ヵ月前、斎藤は31歳という若さで逝去した。

ハリウッドからは、「人が死んで残すものは、物質的なものではない。心である」との哀悼のメッセージが届けられた。斎藤純子の死は、あらたなビジネスモデルを成就させるべく奮闘してきた松下電器とMCAの関係者に忘れがたい記憶を残したが、その夢のビジネスモデルは、ついに花開くことはなかった。

のちに、松下電器の幹部社員向け社内報『新経営研究』（2000年7月号）は、元営業担当副社長で、森下の上司でもあった佐久間昇二のインタビュー記事を掲載。佐久間の言葉そのままに、森下時代の経営を「戦略なき失速の時代」と酷評した。

インタビューの中で、佐久間は「失速」の原因をいくつか挙げているが、なかでもMCAの売却が大きかったと嘆いている。

「MCAを生かせば、MCAを中核として世界のソフト、特にアメリカのそれに深くかかわることができた。惜しかったですね。あれを失ったのは実に惜しかった」

第5章 そして忠臣はいなくなった

つなぎ役の焦燥

「ハードとソフトという漠然としたものではなく、ネットワークやシステムなど一つの構図に基づいた融合政策をとる」

森下洋一社長が、こう大見得を切ったのは、平成7（1995）年4月11日、MCA株をカナダの洋酒メーカー・シーグラムに売却した直後のことだった。

ソフト志向を捨て、堅実なモノ造りに回帰することで、来る情報化社会に備えるとの宣言であったが、そのための「融合政策」は、何ひとつ持ち合わせていなかった。またその後も、時代の変化を先取りするイノベーションを打ち出せないまま、社長任期を終えている。

「客員会」のメンバーが言う。

「家電メーカーにとって、ネットワークとシステムの拠点といえば、個人であり、個人のいる家庭なんですよ。これははっきりしていて、家庭のなかに様々なネットワークを結ぶゲートウエイを作って、情報を行き来させる。そのために必要なものといえば、情報をデジタル処理できるディスプレイです。当時は、ブラウン管に代わるディスプレイとして、これからは液晶の時代や、プラズマの時代や言うてた時に、森下君は、何を血迷ったか、ブラウン管の時代と言い出した。あれは、ひどかったでえ。まったく、技術というものがわかってなかったんでしょうな」

すでに、森下が社長に就任する4年も前から、液晶とプラズマの研究開発がすすめられていた。にもかかわらず森下は、そこへの投資を見直し、すでに消滅が明らかなブラウン管の研究開発や増産に、貴重な経営資源を割り当てていったのである。

社長就任の翌年、森下は、「欧州テレビ事業再構築」を掲げると、ブラウン管の製造拡大に大号令をかけている。そして同年12月には、フィンランドの通信機器メーカーのノキアがドイツに所有するカラーテレビ用ブラウン管工場を買収し、さらにその3年後の平成9（1997）年春には、ブラウン管の研究施設として「新テクノセンター」を子会社の松下電子工業内に建設させた。

「森下は社長に就任した秋に、欧州視察に出るんですが、そこで回った電器店という電器店で松下製テレビが片隅に追いやられていた。それがショックやった言うわけです。それでヨーロッパでのテレビ事業を再建しなきゃならんというので、ノキアのブラウン管工場を買収した。その頃、ノキアは時代を読んでいて、携帯電話機にシフトしていたから、喜んで売ってくれましたわ」(元技術担当役員)

将来を見通した経営戦略ではなく、当面の利益を追い求め、ブラウン管事業にのめり込んでいったというのだ。

おそらくその心理の背景には、社長候補として一度も名前の挙がったことのなかった森下が、運と巡り合わせによって社長に就任したという特異な事情が存在したはずである。

森下を社長に指名したのは、すでに述べたように前任者の谷井昭雄だが、決定にあたっては会長の松下正治や、相談役の山下俊彦もまた大きく関わっていた。彼らは、経営者としての手腕を買って森下を選んだのではなく、ナショナルリース事件や冷蔵庫事件によって混乱の極みにあった経営を安定させるには、調整型の森下が適任と判断したのである。ある意味、〝つなぎ役〟だった。

松下電器の「複数の幹部」たちの間でも、社長就任の翌年に森下が打ち出した中期三ヵ年計画が終了する「平成九年三月期で社長から退くつもりでいる」(「産経新聞」1995年5月28日付)との見方がもっぱらだった。

本人が、どこまで〝つなぎ役〟を自覚していたかはともかく、森下には、焦りがあったというべきだろう。自身を社長に推してくれ、また後ろ盾となってくれている正治の期待に応えるためには、中期計画の期間中に、混乱した経営を立て直し、業績を回復する必要があったからだ。

〝マルドメ〟

「だからこそ、ブラウン管にのめり込んだ」と言うのは、森下の〝出身母体〟でもある大型モーターなどを扱う特機営業本部出身の元役員である。

「テレビは、何と言っても家電の中心であり、利益を出していたブラウン管に特化するのが業績向上の近道と考えたんでしょう。当時、全世界で使われていたテレビは約10億台で、そのほとんどがブラウン管でした。これほどの市場規模を持つブラウン管が急になくなることはない。まだまだ需要はある。ブラウン管は〝金のなる木〟と周りから吹き込まれ、森下さんはすっかりその気になってしまった。もともと森下さんは、〝マルドメ〟というあだ名を持つぐらい、まるでドメスティックな人だけに、将来のメシの種に投資することより、ブラウン管で日銭を稼ぐことに関心が向かった」

80年代の松下電器の業績は、本業での儲けを示す営業利益率で平均9％を稼ぎだしていた。それが、森下が社長に就任した平成5（1993）年には2・6％へとガクンと落ち、その在任期間中の7年間の平均も3・4％という結果に甘んじていた。この業績を早期に回復することが、与えられた使命と森下は考えたのである。それはまた、谷井路線の全否定にも繋がり、いわば一石二鳥であった。

「客員会」の重鎮のひとりも語っている。

「正治会長は、谷井さんによる引退勧告が思い出されるたび、カチン、カチンとくるもんやから、谷井さんが仕掛けた路線はすべて疎ましくて仕方がない。だから、いままでの路線は間違うとる。谷井路線はペケやということだった。森下さんは、その会長の意向を忖度して経営をやったんですな。だから、将来戦略も何もあったもんじゃなかった」

当時、社長の森下が、いかに会長の正治に従順であったかを物語るエピソードが残されている。

正治の主催で懇意な販売店の経営者などをゴルフに招待する際、ゴルフ場の手配からお客さんへの連絡、出迎えなど細部までを社長の森下が気遣い、部下に準備させていたという。前出の特機営業本部出身の元役員も、ゴルフ場の手配をさせられた時のことをこう語った。

「正治さんは、プレーの途中で必ずといっていいほど、大福もちを頬張る習慣があった。だから森下さんは、その大福がちゃんと準備できているかまで、事前にチェックし、委細漏らさず準備するよう指示を出していたものです」

かつての部下が敵になる

〝谷井戦略〟を否定し、ブラウン管事業に経営資源を割り当てるため、森下が取り組んだのがディスプレイ戦略のひとつ、液晶パネル事業の見直しだった。

平成6（1994）年に約350億円をかけて石川県能美郡に建設された液晶パネルの石川工場に対し、必要かつ十分な投資をしなくなったのである。

当時『日経ビジネス』は、投資予定額が「ライバル他社と比べるとさほど多いわけではない。むしろ見劣りする」と指摘したうえで、同工場を管轄していた松下電子工業社長の森和弘にその理由を質している。森の回答は、あまりに近視眼的で、あまりにご都合主義に過ぎるものだった。

「うちはCRT（ブラウン管）という利益率の高いビジネスがあるから、なかなか液晶で冒険するわけにはいかない」（1997年8月25日号）

しかしこれは、液晶開発の経緯を知る者に言わせれば、噴飯《ふんぱん》ものの発言だった。「リスクを取らないと成果を手にできない。開発投資の半分は捨てるくらいの覚悟で、ディスプレイに投資すべきだ」との議論ののち、ヒラ取時代の森下も出席していた取締役会で、プラズマと液晶の両方を同時開発することが決められていたのである。

当時は、プラズマと液晶とでは、どちらが優れているかがわからなかったため、両方に投資しておけば、片方が転んでも流れに乗り遅れることはなく、また両方が商品化できれば、より多様なラインナップを持つことができる。〝松下銀行〟と異名をとるほどの、約2兆円もの内部留保があってこその投資判断であった。

この時、液晶開発の担当となったのが、副社長の村瀬通三だった。村瀬は、谷井が昭和47（1972）年にビデオ事業部長に就任した際の技術部長で、以来、谷井を支え続けた直系中の直系である。

村瀬は、森下より年齢も2歳上で、森下が社長に就任するまで、常に上席の取締役として歩んできた。いわば、先輩であり上司の地位にあったのだが、社長になった途端、森下は、村瀬が担当していた液晶の技術開発を否定にかかったのである。かつての上司と部下は、不倶戴天《ふぐたいてん》の敵となっていった。

開発の拠点だった石川工場は投資が絞られただけでなく、やがて平成14（2002）年には、東芝との共同出資会社の傘下に入ってしまうが、この時、優秀な技術者ほど、韓国のサムスン電子やLGエレクトロニクスなどに引き抜かれていった。

元技術担当副社長の水野博之が語っている。

「石川工場のトップにおった子が、辞める言うてきましてな。どうするんや言うたら、実家に帰って百姓でもしますって言う。ええ加減なこと言うなと言うてる間に、LGの研究所長になってました。そらね、待遇が全然違うし、権限も違うから、新会社に行くよりはいいということでしょう」

松下電器の液晶技術は、こうして人材とともに韓国メーカーなどライバル企業に流出していったのである。液晶開発を途中で放り投げた判断の誤りは、致命的なまでの重荷をその後の経営に背負わせることになった。

電子情報技術産業協会（ＪＥＩＴＡ）がまとめた「カラーテレビ国内出荷実績推移」によると、森下が社長時代の7年間（平成5～平成11年）、カラーテレビの国内出荷台数に占めるブラウン管テレビは年平均９４０万台、市場の94％を占有していた。液晶は、小型液晶テレビが約40万台程度出荷されていただけだった。

ところが森下が社長を退いて2年後の平成13（２００１）年、液晶テレビの出荷台数が全体の約10％を占めるようになると、アッという間に液晶の時代がやってきた。その4年後には、液晶テレビの出荷台数がブラウン管テレビを追い抜き、さらに3年後の平成20（２００８）年には、液晶が全体の87％を占めるまでになった。残りは、プラズマとブラウン管で、プラズマは全体の約11％、ブラウン管はわずか２％にまで落ち込んでいる。

要するに、森下の唱えたブラウン管の時代とは、単なる思い込みがもたらした幻想にすぎなかったわけである。

この現実の前に、松下電器はようやくその重い腰を上げ、約3000億円を再投資し、兵庫県姫路市に液晶工場を建設した。しかし液晶市場への出遅れを挽回することは難しく、いまだ赤字操業が続いている。

社長と常務の対立

一方、液晶と違ってプラズマの開発方針は、森下が社長になっても変わることがなかった。もっともプラズマもまた、やがて液晶に完敗し、平成23（2011）年で生産が打ち切られることになるのだが、ともかく当初の開発方針は堅持された。その理由は会長の松下正治が、プラズマの担当責任者だった水野博之を高く評価していたからだと噂されている。だとすれば、経営判断を下すにあたって、理屈や戦略ではなく、経営トップの感情が優先されていたことになる。

松下におけるプラズマの歴史は、専務時代の水野が、松下技研（旧東京研究所）の社長を兼務していた平成元（1989）年11月、米国のベンチャー企業でカラー・プラズマ・ディスプレイの基本特許を保有するプラズマコ社を、買収交渉のため訪問したことにはじまる。

兵庫県宝塚市の自宅の居間で、水野は当時を懐かしみながら、こんなエピソードを披露した。

「プラズマコとの話合いに入って直《す》ぐでした。いきなり、米国防総省が横やりを入れてきた。僕は、ペンタゴンに呼び出されましてね、その時、彼らが言っていたのは、プラズマのフラットパネルは各種計器類に必要な軍事技術で、非常に重要である。だから、われわれの条件を呑むのなら買収してもいいが、そうでなければ徹底的に反対すると言いましたよ」

国防総省がつけた条件とは、開発した技術はすべてオープンにし、プラズマ・ディスプレイの製造はアメリカ国内でおこなうというものだった。水野は、前者は了解したが、後者は拒否した。アメリカはモノを造るところじゃないと言うと、ペンタゴンの担当者も思わず苦笑したという。

「彼らが、笑いながら言うたんは、松下はいままで非常にお行儀がいいから、われわれも何もしていないけれど、もし、松下が約束に違反し、プラズマ技術をオープンにしなければ、たちどころに罰を与える。東芝機械のような痛い目にあうよ、というわけです。だから、アメリカの企業がプラズマの技術について教えを乞うてきた時は、何でも教える。隠したり、いじわるしませんということで、これはサインする話でもないが、われわれのノートにしっかり記載しとく言うてました」

東芝子会社の東芝機械は、ココム（COCOM＝対共産圏輸出統制委員会）の規制に違反すると知りながら、虚偽の輸出申請書を作成し、工作機械をソビエトに輸出。その工作機械で製造されたソ連の原子力潜水艦のスクリュー音が小さくなり、米軍による追跡、探知が難しくなったことで、昭和62（1987）年、日米両政府を揺るがす大事件となった。

制裁措置として、当時の通商産業省（現経済産業省）は東芝機械に1年間の共産圏向け輸出の停止を命じる一方、警視庁も外為法違反で同社のふたりの幹部を逮捕、起訴した。そればかりか、米国議会は、東芝製品の米国政府機関への3年間の納入禁止をうたった対米輸出禁止法案を可決したため、東芝機械の社長だけでなく親会社である東芝の会長と社長も辞任に追い込まれていた。

プラズマコ社との交渉から帰国するや、水野には、早速、通産省から呼び出しがかかった。そこで、ペンタゴンの力がいかに強大かを見せつけられたという。

「当時、私が社長を兼務していた松下技研の精密加工機械を西ドイツに1台か2台売っていたんですが、それが東ドイツを経由してソ連に渡っとると言うわけです。まったく知らなかったけれど、ココム違反やという注意を受けました。新聞には載らずに済んで、ただ注意だけ。なんで注意したかいうたら、国防総省が、われわれがやろうと思えば、何でもできる。約束は忘れなさんな、ということを伝えたかったんでしょう」

このような経緯があったから、慎重になったわけではなかったが、最終的に松下電器がプラズマコ社を買収するのは、水野の渡米から6年後の平成8（1996）年1月であった。

この間、水野は、平成6（1994）年4月で役員定年の満65歳となり、松下を去っている。

定年に先立ち、自身の後継者として取締役情報通信研究センター所長兼技術統括室長の堀内司《し》朗《ろう》を推薦した。森下は、水野の要望を受け入れ平成5年6月の人事で、堀内を常務取締役に引き上げている。しかし堀内は、歯に衣着せぬ物言いで、森下とよく衝突したという。

苦笑しながら水野は語った。

「森下君は自分で、技術がわからんことを自覚してるから、勉強も含めて堀内君にいろいろ聞く。ところが彼は、あんたは、どうせわからんやろという態度で説明するもんやから大喧嘩ですわ。結局、常務を2期4年務めたあと、松下電器を退社してしまった」

後継社長の芽を摘んだ

思うに、この時期の松下電器の役員人事は、経営思想家で『経営者の条件』の著者であるピーター・ドラッカーの言葉を借りれば、「情実となれあい」に陥っていたと言えよう。

「『何が正しいか』ではなく『誰が正しいか』を重視する」風潮が蔓延し、「人事も『秀でた仕事をする可能性』ではなく、『好きな人間は誰か』『好ましいか』によって決定する」ようになっていたからだ。

森下は、自身の出身校である関西学院大学の後輩を引き立てた。社長就任の翌年には、同大商学部卒の工樂《くらく》誠之助《せいのすけ》を、その翌年には同じく商学部卒の田中宰《おさむ》を取締役に就任させ、さらにその翌年には、同大経済学部卒の川上徹也を経理部長としている。いわゆる関学閥を作る一方で、自らの社長任期をも延長していた。中期三ヵ年計画が終了すると、すかさず「発展二〇〇〇年計画」を発表。社長続投を表明するとともに、後継社長の呼び声の高かった市川和夫の芽を摘んでいた。

「あらら、と言うてる間に、市川君を専務取締役から常任監査役に外してしまった」

というのは、前出とは別の「客員会」のメンバーである。

「企業というのは、やっぱり、仲良し同士でないとやっていけんいうのはあります。それはあるけど、一方で、普遍性のある論理でも動いている。見識を持つ者同士が、侃々諤々議論するから、進むべき道を誤らないでいられるんでね。ところが森下君は、非常に狭い了見で、反対する奴はダメの烙印を押していった」

　結局、〝つなぎ役〟と目されていた森下の社長在任期間は7年となり、その後も会長を6年務めるなど都合13年間の長きにわたり経営トップの座を占めることになった。創業家以外から初の社長となった山下俊彦が9年、そのあとの谷井が7年で社長を辞めたあと、相談役に退いたことを考えれば、異例の〝長期政権〟と言えよう。

森下の経営の軌跡からは、厳しい競争の時代をどう生き残っていくかよりも、会長の正治にどう仕えるかを優先した姿勢しか見えてこない（森下は、後ろ盾となってくれる正治に忠誠を尽くし、だからこそ正治も森下を支えた）。

森下が社長を務めた7年間の業績は通算平均で、利益率こそ0・8％と低かったものの、営業利益は平均2500億円以上をキープし、当期利益にしても赤字を出したのは平成7（1995）年度だけで、平均470億円の純利益を生み出している。

これといったヒット商品がなかったにもかかわらず、不思議と数字は悪くなかった。この、そこそこの業績に支えられ、森下は、社長に付与された人事権と決裁権を思う存分行使していくのである。

なかでも驚かされるのは、副社長の村瀬が、苦労してソニー、フィリップスとともにまとめ上げていたDVDの規格を、営業上の判断からではなく、単なる気まぐれから、一方的に変更してしまったことだろう。

森下は、すでに3社で合意していた規格方式から、東芝が提唱した規格に乗り換えたのだ（ただ最終的に、両方の規格を取り入れた折衷案とした）。この規格変更に先だって、社内のDVDの責任者を、村瀬から常務の山脇利捷《やまわきとしかつ》に替えてもいた。

中央大学経済学部卒業後、松下電器に入社した山脇は、テレビ事業部長を務めたことはあるものの技術については素人で、製造技術の専門家であった村瀬の代わりが務まるはずもなかった。しかし、そんなことはお構いなしだった。

DVDの基本構造は、CDと同じ形状のディスクに映像信号や音楽信号などを書き込み、専用機器で再生するものだが、それまで村瀬が、ソニー、フィリップスとともに進めてきたのはディスク一枚方式（MMCD方式）によるものだった。

これに対し、東芝が唱えた方式（SD方式）は、ディスクを二枚貼り合わせたもので、一枚方式よりも記憶容量を上げられる利点はあったが、ディスクを貼り合わせる手間とコストがかかり、いずれにも一長一短があった。

「客員会」の重鎮のひとりが解説する。

「ウチが、ソニー、フィリップスと計画していたのは、3社で保有する特許でDVDの新規格を作り、ライセンサーとして特許料を稼ごうというものだった。ところが森下さんが、東芝方式に突如、変更すると言い出した。そして日立製作所、三菱電機などにも声をかけたため、主要な電機メーカー10社の特許を持ち寄って規格が作られる格好となった。おかげで、誰がロイヤリティーを受取るライセンサーなのか、ロイヤリティーを支払うライセンシーなのかが、わからなくなってしまった」

もし、当初の計画通り、松下、ソニー、フィリップスの3社だけで規格を作っていれば、松下電器だけでも、ディスクの規格料（特許料）が年額50億円転がり込む計算だった。

裏切り

そんな〝儲かる仕組み〟をあっさり捨て去り、あとから出てきた東芝と組むに至った事情を、元副社長の水野博之はこう明かす。

「東京での何かの会合に、森下さんが出席した際、東芝の佐藤文夫《ふみお》社長からDVDの規格作りに入れてくれ、頼みますわと言われたのが最初。森下さんは、ああ、いいですよと言うたんですな。それからですわ、ソニー、フィリップスとの関係を全面的に見直し、東芝と一緒にやっていこうとなったのは。この日のやりとりをレポートにまとめて、私に入れてくれた子がいてね。東芝と組む必要なんかないのに、なんで、あんなことするんだろう、と言うた記憶がありますわ」

松下電器の内部資料を見ると、平成６（１９９４）年6月3日に、松下と東芝の間で、ＤＶＤに関する初会合が持たれていたことがわかる。

この日の会議で、松下側は、これまでソニー、フィリップスとの間で話し合ってきた内容を明らかにしながら、今後の課題であるハリウッドのメジャー映画会社への対応策を協議していた。

事態がこんなことになっているとは露も知らないソニーとフィリップスは、同年9月14日、「3社で決めたＤＶＤ規格を早く発表したい。3社でやれば、ハリウッドはついてくる」と、松下側に早期発表を迫っている。

実際、コロンビア映画はソニーの傘下にあり、この時点では松下もＭＣＡの親会社であった。ハリウッドの7大メジャー映画会社のうち2社を押さえていたのだから、他の映画会社を追随させることは容易であったはずである。

しかし松下側は、いろいろ理由を並べ立てては、態度不鮮明を貫いた。

「映画会社の要求を１００％満足させることが第一であるため、慎重にすすめている。最終方向はまだ決定していない」（１９９４年10月7日付会議メモ）と言っては、結論の先延ばしにかかったのである。

要するに、あまり早い段階で、東芝方式への〝乗り換え〟を明らかにすると、それまで2年近く話し合ってきた経緯から、トラブルになるのは目に見えていた。そのような面倒な事態を避けるため、「どちらの方式がいいか決めあぐねている」といった逡巡《しゅんじゅん》の態度で時間稼ぎをしていたのだろう。

あまりの優柔不断さに、業を煮やしたソニーの大賀典雄《のりお》社長は、単身、東芝に乗り込み、東芝方式で何が変わるのかと、単刀直入に聞いている。東芝側の説明は、「背景の黒がより鮮明に見える」というもので、さして大きな違いはないということだった。その結果を、大賀は、松下側に11月4日付の書簡で報告した。

約2週間後の11月21日に迫った、オランダのフィリップス本社での3社会議の前に、松下、ソニー、フィリップスで合意した方式（ディスク一枚方式）と、東芝方式（ディスク二枚方式）とでは、品質面で大差のないことを明確にしておきたかったのであろう。

フィリップス本社のあるアイントホーフェンでの会議でも、ソニーとフィリップスは、松下に決断を迫っていた。先の会議メモには、そんな様子が記録されている。

「ハリウッドは強引にやればいい。ハードメーカーも、ほとんどが（3社合意に基づくDVD規格に）参加するはずである」「（発表を）遅らせることは混乱のもと。もともと発表は6月で合意していた」「フィリップス、ソニー、松下でやれば東芝もついてくる」

これに対し、防戦一方の松下側は、「ソニーとフィリップスの思いは分かった。11月25日には松下のシナリオをはっきりさせる」と明言したものの、その約束が果たされることはなかった。

森下が、正式に、東芝方式への乗り換えを決めたのは、平成7（1995）年1月17日、DVDに関係する事業部門の責任者などを集めた「全社方針会議」においてである。この日は、阪神・淡路大震災の発生した日でもあったが、会議は予定通りおこなわれた。そのため、ソニー、フィリップスとの3社合意をまとめた副社長の村瀬は、出席できなかった。兵庫県西宮市の自宅が被災したうえ、大阪本社までの交通手段が確保できず、欠席を余儀なくされたのだ。

「全社方針会議」は、むしろ村瀬の欠席をこれ幸いとばかりに、東芝方式の採用を決めていた。もし村瀬が出席していれば、それまでの協議経過や、信義問題などが持ち出され、議論は紛糾し、容易に結論は得られなかったはずである。

結果、DVDの規格は、ソニー、フィリップス方式（MMCD方式）と、東芝、松下方式（SD方式）のふたつが存在することになった。しかしDVDの大口顧客であるIBMが、ふたつの規格を統一し、シングルフォーマットにすることを強く求めたため、先にも触れたように最終的に両方式を組み合わせた折衷案に落ち着くことになった。

元社長の「創業家批判」

森下が、DVDの規格問題を主導し、社長としての存在感を示そうとしたのは、松下幸之助の孫であり、正治会長の長男でもある松下正幸を、社長に就任させるための道筋をつけようとしたからだったといわれている。

当時を知る者の言葉を借りれば、「正治会長が望んでやまなかったとはいえ、正幸君を社長にするには、誰もが文句を言えない雰囲気をつくる必要があった。だから森下は、やたらと人事権を振り回し、間違った経営判断と気づいても、途中で修正することなく強引に推し進めた。いわば〝絶対君主〟ぶりを演出することで、存在感を示そうとしたのです」。

松下正幸は、慶應義塾大学経済学部卒業後、米国で最も権威あるビジネススクールのペンシルバニア大学ウォートン・スクールに留学。ウォートンのビジネススクールの歴史は、名門ハーバード・ビジネススクールより古く、ここで経営学修士（MBA）を取得することは、グローバル・カンパニーの経営者としての条件を整えることでもあった。

しかし幸之助の、「早よ、実業の勉強をさせろ」との命令によって、1年で退学。アメリカ松下での研修等を経て、松下電器に入社したのち、幸之助の大番頭で、当時の会長高橋荒太郎や、幸之助の一の子分で松下電子工業社長だった三由清二《みよしせいじ》らから〝帝王学〟を学んでいた。

そして、40歳の若さで洗濯機事業部長から取締役（監査担当）に引き立てられるや、その4年後には常務取締役（宣伝事業部長兼総合PR企画室担当）、さらに2年後には専務取締役（国際インダストリー営業本部長）へと昇格。森下が社長に就任して3年後の平成8（1996）年6月には50歳で副社長に就任した。

この時、取締役会の議長は、父であり会長でもある正治であり、その忠実な部下として社長の森下が控えていたのだから、誰の目にも、これは正幸の社長就任が秒読み段階に入ったと映った。

新聞各紙も、「今回の人事は、会長の信任が厚い営業畑出身の森下社長の下で、創業家への〝大政奉還〟の体制作りが着々と進められている過程」（「読売新聞」1996年5月24日付）と評し、「社長就任に向けた布石」（「産経新聞」同日付）と報じていた。

幸之助の孫・松下正幸

そんな世論に冷水を浴びせかけたのが、3代目社長から相談役に退いていた山下俊彦である。平成9（1997）年7月15日、山下は、自身が会長を務める関西日蘭協会のパーティーの席上、大勢の記者を前に正幸の副社長昇格を痛烈に批判した。

「今の松下はおかしくなっている。孫というだけで（松下）正幸氏が副社長になっている。（役員陣の）８割が正治会長派。しかも、若い人ほど、世襲への批判が少ない。困ったことや」

関西日蘭協会は、松下電器がオランダのフィリップスと技術提携したのを記念して、幸之助が昭和34（１９５９）年に設立した団体である。その創業者ゆかりの場で、山下は、世襲路線が敷かれたことで、組織が硬直化し、若手社員の挑戦意欲が薄れつつあると批判したのである。

それまで沈黙を守っていた山下が、この時、突如として世襲批判を展開したのは、このままでは、正幸の社長就任が実現してしまうと危機感を覚えたからだった。たとえ正治との関係が壊れたとしても、幸之助の〝遺言〟を実現するには、この機会しかないと考えてのことだ。谷井に託したものの果たせないでいた、創業家と経営との間に一線を引くことで、経営を安定させよという〝遺言〟である。

御曹司をトップに

この山下の発言から4日後、会長の松下正治は、「産経新聞」の紙面で「山下氏の功績は認めるが、（今回の発言は）覆水盆に返らずだ」（1997年7月19日付）と不快を露わにした。これに対し山下は、その日の朝日新聞夕刊で、11年前に正幸を取締役にすること自体、反対だったと切り返している。

「あの時も、幸之助と僕だけが絶対反対だと言うたんです。去年副社長にする時は相談は受けていません」

正幸が洗濯機事業部長の時、同事業部では「愛妻号」の騒音問題が発生していた。事業部長としてこの問題を解決しないまま、御曹司だからと取締役に引き上げたのでは、本人のためにもならないと、山下は反対していたのだ。

松下電器の元役員の証言。

「愛妻号は、運転中にものすごい振動がした。うるさくて仕方がないというクレームもあいついだ。それで振動を止めるために洗濯機内に水をためて、その重みで静かにするという姑息なことをした。だから、故障した時に修理しようとすると水を抜かなあかん。重とうて動かされへんというので、修理が大変やった」

愛妻号の騒音問題は、長く課題として残され、同事業部は、4年近くこの問題に取り組んだ。そしてその改善結果を「全自動洗濯機『愛妻号』の低騒音化」と題した論文にまとめている。

論文は、「市場の真の要望に応えるべく、洗濯、脱水、排水、ブレーキ音等の全ての工程にわたる低騒音化の実現に取り組んできた」と断ったのち、騒音の要因の分析、対策の立案と実施、効果の確認といった順で筆を進め、最終的に「大幅な騒音低減を実現することができた」(『合成樹脂』1990年8月号)と結んでいる。

洗濯機事業部長として、この騒音問題を解決しなかっただけでなく、取締役に昇進しても、これといった成果をあげることのなかった正幸には、山下の発言以前から、社長の器を疑問視する見方がつきまとった。

そんな空気を払拭《ふっしょく》しようと、正治は日本経済新聞のインタビューを受けた際、こんな理屈を展開したこともあった。

「今の松下電器はすでに個人企業の域を超えており、松下家の人間という理由だけで経営トップの座に就くという時代ではない。ただ以前から言っているように、創業者一族の人間だから社長になるというのもおかしいが、逆にそうだから社長になってはいかんというのもおかしいのではないか」（1993年3月2日付）

正治のこの思いを実現するには、経営を安定させ、誰も文句を言えない環境を作ったうえで、禅譲《ぜんじょう》する必要があった。

そのため、平成10（1998）年の「創業80周年」を好業績で迎えようと、森下が前年から勢い込んで取り組んできたのが「初の商品づくり」だった。かつて、「ネットワークやシステムなど一つの構図に基づいた融合政策」を取るとしたその「政策」とは、結局のところ、従来と変わらない商品づくりであったことになる。

この年、79品目の家電製品が「初の商品」として生み出されている。

森下自身は、「マーケットからも、『松下の初の商品「マルハッツ」はすごい』と、高い評価をいただいた」と社内報で自画自賛した。しかしそのいずれもが、ヒットには結び付かず、「九八年度は減収・減益に陥る」という不名誉な結果に終わっている。

傷跡

これに懲りることなく、翌年には「『初の商品』推進会議」をあらたに立ち上げると、「マルハツの連打」を執拗に呼びかけた。平成11（1999）年2月25日に開かれた同会議の席上、森下は、58品目を「初の商品」として認定したのち、こうハッパをかけた。

「（世界的なデフレスパイラルから脱却するためにも）九九年度は『初の商品』のシリーズで売り上げの三〇％を占める必要がある。そのためには、『初の商品』がもっと必要だと思う。各分野で認定された『初の商品』の発売に前倒しで取り組むと同時に、一点でも二点でも追加ができるよう努めてほしい」

「売り上げの三〇％」といった現実性のない目標設定に、社内は白けムードに支配されたというが、森下の「もっと必要」との言葉通り、9月14日には追加認定会議を開き、提出された36品目すべてに「初の商品」の認定証を手交した。

同認定会議の模様を知らせる社内報には、「今回認定された商品の中には一部発売済みのものもあるが、担当事業部が関連部門の協力を得ながら商品化や戦略的な市場導入をはかっていく」とある。

つまり、すでに「発売済み」の商品であっても数合わせのため「初の商品」として認定していたわけである。それほどまでに森下が「初の商品」にこだわったのは、『他社にはないクリエイティブな製品を早く』というのが、これからの市場競争を勝ち抜くキーワードだ」と考えたからだった。

いったい、「初の商品」とはどのようなものだったのか。以下は、社内報に掲載された「初の商品」と、その特性の一部である。

○「コードレス暖房ベスト『ほっとベスト』」……重ね着してもかさばらないインナーベスト。電源のない屋外でも快適な温かさが得られる

○「カラーレーザープリンター『WORKIO』」……トナーの交換が簡単

○「ビューティーエステシャワー『abireva（アビレバ）』」……つるつる感と

すべすべ感のある肌を実現するシャワー
○「食器洗い乾燥機」……業界で初めて「プルオープン（引出し）」方式を採用。屈んだりのぞき込んだりすることなく、より楽に食器を出し入れできる
○「ハイブリッドコンロ」……業界で初めてガスとＩＨ（電磁加熱）の2種類の熱源を搭載
○「ガステーブル『まかせタッチ』」……業界で初めて簡単操作の「電子タッチパネル」を搭載した乾電池駆動のガステーブル

いずれも、先見性に富んだアイデアや、画期的な技術とはほど遠い商品と言えよう。ここから見えてくるのは、戦略を欠いたその場凌ぎの経営と、「マルハッ」という言葉への過剰な期待だけである。

森下をよく知る「客員会」の重鎮のひとりはこう言った。
「社長として商品力を強化しようと言うのは、いいことだけど、業界初にこだわったところに、彼の思い違いがあった。つまり、業界初ではなく、お客様が望んでいるものは何か。その原点に向かって良い商品を作る。それが業界初だったら、一番いいん

で、業界初が先にでちゃうと、お客様が望んでいるものではなく、目新しくて、もの珍しければいいとなる」

当然のごとく「マルハッツ」の連打はむなしく響くだけで、収益には結びつかなかった。現に、記憶に残るヒット商品は、森下の社長時代には生まれていない。

森下時代の末期、経営幹部の間では、こんなジョークが飛び交っていた。

「森下社長は、まじめでええ男だけど、社長時代に言うてたのは、ふたつの言葉だけ。ひとつは、聞いてない。もうひとつは、わからん。聞いてないとわからん、で済ました社長でっせ」――。

前出とは別の「客員会」の重鎮もこう語っている。

「そもそも森下君に経営やれというのが無理な話。森下君は、営業畑しか歩んだことがなく、財務はわからんし、技術もわからん。事業部をあずかった経験もない。社長としての訓練を受けてないんですから、そら、当然、経営はおかしくなりますわ」

そう言うと、かなり辛辣な皮肉を込めて言葉を継いだ。

「アッ、もうひとつ、森下君にはわかってることあったわ。あの人、バレーボールはわかるわ」

関西学院大学の体育会バレーボール部出身の森下は、同じ関学バレーボール部の先輩で、ニチボー貝塚の監督だった大松博文《だいまつひろぶみ》に就職先を相談し、実業団の松下電器を薦められていた。運動選手枠での入社ということもあって、若い頃から軽く見られる傾向があった。

本人もまた、そのことをよく知っていただけに、社長に就任してからは、以前に増してリーダーシップを発揮しようと無理を重ねた。

「森下君の場合、狭い了見で、自分に反対する奴はダメとなるから、いつ飛ばされるかわからないと、皆、恐れていた。森下君のあとに社長を務めた中村邦夫君も、強権人事で恐れられたけれど、まだ理屈があるからね。森下君は、わけのわからんところで、上げたり下げたりしてたから、あの時期、松下は人心の面で淀んだ」（元副社長）

専務時代までは、親分肌で面倒見がよく、部下たちから慕われてきた森下だったが、社長になってからは一転、恐れられ、業績も上げることができず、周囲に少なからず傷跡を残した。

反抗的な男

そんな森下に、一心不乱に仕えたのが、森下のあとの6代目社長に就任した中村邦夫である。

中村が頭角を現したのは、名古屋の販売会社に社長として出向していた時だった。当時、名古屋では、顧客が日曜日にナショナル・ショップでテレビや冷蔵庫といった高額商品を買っても、在庫がなければ、その日のうちに商品は届かなかった。在庫を抱える営業所もしくは販売会社が休みのため、月曜以降の出荷となったからだ。

しかし顧客は、休日に家族で買い物に出かけ、買った以上は、その日のうちに商品が欲しい。この顧客の要望に応えるべく、中村は、いろんなアイデアを出し、組合とも交渉し、日曜日の出荷体制を確立した。

顧客が欲しい時に、欲しいものを届けるというのは、商売の綾《あや》でもある。そのことに気づき、従来なかった仕組みを作り上げたことで、営業担当役員で、のちの副社長となる佐久間昇二に見出されることになった。

名古屋のあとは、出世コースである東京商事部の営業所長に抜擢された。東京・秋葉原の量販店を担当するこのポストは、うるさ型の多い量販店の社長と上手に付き合わなければならない難しい仕事だが、彼らの信用を得ると、確実に売り上げを伸ばせ、次ぎに繋がるポストでもある。

中村は、ここでも成果をあげ、昭和62（1987）年、45歳でアメリカ松下電器（現パナソニック ノースアメリカ）に副社長として赴任した。アメリカ松下の営業を立て直す人材として派遣されたのである。しかしアメリカ勤務時代、中村はそれまでの評価をいっぺんに落とすことになる。

当時は、規格競争でソニーのベータ方式に勝利した松下電器グループのVHS方式が市場を席巻し、同ビデオレコーダーは売れに売れていた。昭和60（1985）年の国内出荷台数は700万台を大幅に超え、翌年には800万台、翌々年には900万台を軽く突破していた。

「日本でこれだけ売れてるんやから、北米市場でも売れないわけがない。もっと積極的に売れと、役員連中が中村君にハッパを掛ける。ところが中村君は、わかりました、やりましょうという返事をなかなかせんのよ。皆が、北米でも簡単に売れるはずやと思い込んでいることに、反発したんでしょうな。アメリカから呼ばれて、本社の取締役会に説明に来た時も、ヒラ取ですらないのに、いちいち突っかかるような物言いをしていた。皆さんの前で、大変失礼な、耳障りな表現をさせていただきますと言うなり、そう簡単ではございませんとはじめる。アメリカのマーケットは複雑でございますから、このような目標数字を出されても無理でございますと縷々《るる》やるもんやから、取締役の連中はカチンとくるわけや」（元副社長）

中村の理屈は、営業の現場を知らない事業部門や技術部門の無理難題には付き合えない、というものだった。背景には、営業部門の大物で、筆頭副社長だった佐久間曻二が自分を支えてくれているとの自信があったはずである。

その自信が、わざと不遜《ふそん》な態度を取らせることもあった。

六代目社長・中村邦夫

本社からビデオ担当の副社長だった村瀬通三が、西海岸のパナソニック支社で会議をするため米国出張した時のことだ。東海岸のアメリカ松下電器から参加することになっていた中村は、会議の開始時間に2時間遅れてきたのである。

「いったい、どういうことやと村瀬さんは怒ってましたが、中村さんは、しれっとした顔で、直行便で来ると途中でタバコが吸えないので、シアトル経由で来ましたと言っていた」(同会議の出席者)

当然、取締役会での評価は悪くなる一方で、「中村は、いずれ常務で引いてもらえばええ。それ以上の器じゃない」といった声が、一部の役員の間でささやかれるようになっていった。

左遷

そんな時、中村の部下で、ニューヨーク営業所長だったイタリア系アメリカ人が、会社の経費を使い込むという不祥事が発覚した。

当時、中村の上司で、取締役米州本部長兼アメリカ松下会長だった井村昭彌が言う。

「あの件は、本社からは厳しい叱責を受け、中村は減給処分。僕も、監督不行き届きということで譴責《けんせき》をもらった。その後、不祥事を起こした所長の息子の結婚式に中村が出席していることがわかって、悪い噂が立つようになった。というのも、その結婚式は、船を借り切っての船上パーティーですよ。富豪でもない一営業所長に、そんなカネあるはずがないんで、僕は、中村に、誤解を招くようなパーティーに出るのはいかんと注意した。そしたら、彼は何も言わない。黙ってしまって、申し訳ないとも言わない。ただ、下向いてるだけやった」

この一件が本社に報告されたことで、中村は、米国勤務を解かれ、イギリス松下電器へと異動となったのである。

イギリス松下は、松下電器の子会社であった松下電器貿易が設立した会社であり、本社から見れば孫会社にあたる。直轄子会社のアメリカ松下と比較して、グループ内での重要度、売上とも比較にならない孫会社への異動は、左遷以外のなにものでもない。また、この人事には、中村は、将来、松下を背負って立つ人材ではないということを世間に示す意味も込められていたという。

中村自身、相当の挫折感を伴っての赴任だったのだろう。その年の年末、アメリカ時代に世話になった人に宛てた手紙には、「イギリスで骨を埋めるつもりで仕事をします」といった内容のことを書いていた。

のちに中村は、この事件を回想して語っているが、そのニュアンスは自身の不運を強調するとともに、森下との絆を誇る美談へとすり替えられている。

「『(アメリカ勤務時代、私が最も信頼していた部下に) 裏切られたのです。わからなかったのですが、不正をされて、税務署の調査が入り、最終的には刑事事件に発展しました。立場上、私は責任を取らなければならなくなりました』

このとき、まだ家電担当の専務だった森下から電話が入った。『中村君、心配しないで帰って来い』」(森一夫著『中村邦夫「幸之助神話」を壊した男』)

そして森下が平成5(1993)年2月に社長に昇格するや、中村もまた本社取締役に返り咲くことができたと続けていた。

しかし「このエピソードは、まったくの作り話」と言うのは、前出の井村昭彌だ。

「中村が、アメリカ松下電器傘下のアメリカ・パナソニック社の社長時代、その部下が不正を働いたのは事実ですが、税務署の調査が入ったり、刑事事件に発展したなんてことは、一切ない。当時、僕は、アメリカ松下の会長としてこの不正問題の解決にあたっていますから断言できる。現地スタッフの要請もあって、すべて内々に処理したもんです。もし、刑事事件なんかに発展していれば、それこそイギリスにも行けずに、本社に呼び戻されてますよ」

「客員会」のメンバーのひとりもこう言った。

「かりに森下さんが、中村さんに電話をかけていたとしても、国内の営業担当でしかなかった森下さんが『心配しないで帰って来い』と言うはずもないし、言える立場でもなかった。あの時、中村さんを励まし、その処遇について奔走していたのは、筆頭副社長だった佐久間昇二さんです。佐久間さんは、営業統括として国内と海外の両方を見ていて、不思議なくらいアメリカ時代の中村さんの世話を焼いていた」

ただ佐久間は、このあとすぐに失脚してしまう。先にも触れたように子会社ナショナルリースの不正融資問題で、監督責任を問われ、副社長を解任されてしまったのだ。

「それでもなお、佐久間さんは中村の面倒を見ようとしていた」と語るのは、当時、社長だった谷井の側近の元役員である。

「平成４年の人事で、中村をイギリスに左遷することが内定すると、佐久間さんは、中村に声をかけ、こう励ましたということです。腐ることなく、イギリスで成果を出すように、そうすればまた道は開けるからと……」

イエスマンだけの取締役会

佐久間が失脚したあととはいえ、アメリカ勤務時代にさして世話にもなっていない森下を持ち上げようと、先のエピソードを仕立てあげていたとすれば、いささか品位に欠ける。

「客員会」の重鎮のひとりは、「そういう点が、いかにも中村君らしい」と断ったうえで、こう続けた。

「要するに、佐久間さんが失脚した途端、森下君に乗り換えたいうことですわ。彼は、常に上しか見てこなかったし、取り立ててくれる上司には徹底的に媚を売り、逆らわずに仕えてきた。まさに、組織の中で生き延びる術を心得た〝プロのサラリーマン〟ですよ。これは、森下と共通するところですが、裏を返せば、このような芸当ができたからこそ、彼らはトップの座を手にできたということでしょう」

左遷された中村に、まさかの僥倖が巡ってきたのは平成5(1993)年2月のことだった。中村を左遷した谷井が、自ら社長の座を放り投げてしまったのである。会長の正治との暗闘劇に疲れ果てての辞任だった。

かりに、谷井の時代が長く続いていれば、中村はイギリスに据え置かれたまま、忘れ去られていたはずである。

わずか1年で、中村は本社の取締役米州本部長として復帰し、アメリカ松下電器をも見ることとなった。谷井が失脚し、森下が後継社長になって4ヵ月後のことだった。

再び、井村が言う。

「森下さんが社長になるや、正治さんは、中村を戻せとずいぶん言ったようです。だから僕を、アメリカ勤務から大阪府門真市の本社勤務とし、これ見よがしにそれまで僕が就いていた取締役米州本部長に中村を就けた。僕には、担当部門のない〝無任所大臣〟のような海外渉外担当取締役をやれというわけですわ」

井村の話が続く。

「この人事、僕に言わせれば逆恨みなんです。アメリカ松下の会長を兼務していた正治さんが、谷井さんからその会長職を降りてくれと言われたのは、僕が谷井さんをそそのかしたからと思っている。僕が会長に就きたかったので、正治さんからそのポストを奪ったと。そんなことないんですけど、しかし、これしゃあない。サラリーマンの世界やから、上と合わなければ、仕事させてもらえへん。だから、僕は松下電器を辞めたんです」

37年間勤務し、人生の大半を捧げてきた松下電器を退社するにあたり、井村は、取締役会のあり方を問うている。

「当時は、みんな会長の正治さんの顔色ばかりうかがっていましたからね。取締役会は正治会長の独壇場で、会長の提起した主要案件には誰も異議を挟まず、沈黙のまま採決されていく。取締役会での議論らしい議論といえば、毎回、ひとり1万円といわれていた豪華弁当が振る舞われるんですが、そのデザートのメロンについて、今日のは小ぶりだとか、甘いとか論じ合うぐらいでした」

機能不全に陥っていた取締役会を、本来の姿に戻すため、井村は「建議書」を作成。経営不振の「原因」や、「取締役の経営責任が全く不透明である」点など4項目にわたって、問題提起した。

「平成6年5月の取締役会の直前に、森下社長の了解をえたうえで一枚のペーパーにまとめた『建議書』を読み上げようとしたところ、間髪を容れず、正治会長が議長席から取締役会の終了を宣言してしまった。まあ、そんなこともあるやろと、コピーしておいた『建議書』を配付した。しかしそれも、会長の命令で事務局によってすべて回収されてしまいました」

このあと、井村は辞表を提出した。

第6章

人事はこんなに難しい

社長就任スピーチ

松下電器の6代目社長に就任した中村邦夫は、平成12（2000）年7月4日、大阪府門真市の本社講堂に経営幹部を集め、社長として最初の経営責任者会議を開いた。その冒頭、中村は、取締役相談役名誉会長の松下正治と、前任者で5代目社長の森下洋一会長の経営手腕を絶賛した。

「特に、松下名誉会長は、社長・会長として40年にわたり、大所高所から私どもをお導き下さいました。常に経営理念に立脚した示唆に富んだお話は、私ども日々の経営において進むべき大きな方向をお示し下さいました。また、森下会長は、社長在任中の7年間、経営環境が未曾有《みぞう》のスピードで激しく変化していく中で、常に『創造と挑戦』を全社員に呼びかけ、絶えざる改革を進めてこられました。当社を、日本の産業界のみならず、世界のリーディングカンパニーとして育て上げられた、松下名誉会長、森下会長のお二人に心より感謝申し上げます」

続けて中村は、森下の行動力によって企業の体質強化がはかられた、と誉めそやした。

「森下会長は、社長に就任された半年後の1993年3月、『難局打開を図る緊急経営懇談会』を開かれ、バブル崩壊後の危機的状況にあった当社の再生を全社に呼びかけられました。さらに再生計画に続き、発展2000年計画に取り組まれました。……そして事業構造改革を着実に推し進め、質の全体最適を追求してこられました。そして、筋肉質の経営体質への転換を実現し、企業価値を高めてこられたのです」

スピーチの終わりを、中村はこう呼びかけて締めくくった。

「ここで森下会長に対し、感謝の気持ちを込めて全員で盛大な拍手をお贈りしたいと思います」

この日の模様を報じた社内報には、どこか誇らしげで、いくぶん昂揚感の見て取れる森下の顔写真のアップが掲載されている。

ただ、中村は、この賛辞と裏腹、大変な重荷を背負わされたことに頭を悩ませていたはずである。松下電器の経営状態は、森下の社長在任中に「筋肉質の経営体質」とは似ても似つかない脆弱なものとなっていたからだ。

しかしそんな憂鬱も、この時ばかりは忘れることができたのだろう。

森下の前任社長だった谷井昭雄からは評価されず、その側近たちからも「いずれ常務で引いてもらえばいい」と軽視されてきた中村にとって、全世界に33万人（当時）を擁する松下電器グループの頂点に立てたという感慨は、余りある満足感を与えたはずだ。

一時は、イギリス松下電器に左遷されながら、森下によって呼び戻され、本社役員に登用されてからというもの黙々と仕えてきた。その苦労が、まさに報われた日だったからだ。

「森下君は、ややこしい仕事は、すべてといっていいほど中村君に押し付けてました。そして報告聞いてたほうが楽やと言うてましたな。そらまあ、そうですわな。あれ、どうなった。しっかりやれ、と言えばすむんですから。中村君、それに耐えたんですなあ。森下流の〝決められん経営〟からすれば、中村君は頼りになったと思いますよ」（元副社長）

端から見ても、中村は、森下に対し絶対的ともいえる忠誠を尽くしていたという。森下への報告は、いささか時代がかった言い回しで、〝忠臣ぶり〟を演出したほどだった。

中村の元部下が語っている。

「中村さんの前に仕えた役員は、おい、お前、森下社長のところへ報告に行ってこいで終わりでした。中村さんが、私の上司に来てからというもの、森下社長への報告には必ずといっていいほど一緒について来た。そしてただいまより、これこれ、こういう件につきまして、彼が、簡単明瞭に説明させていただきますって言うたあと、私が報告するわけです。昨日まで気楽に報告してたのが、そんなん言われたら緊張しますがな。あの人は、ホンマ、森下さんの前では、直立不動でしたわ」

〝簡単明瞭な説明〟は、中村が好んで使ったフレーズであった。報告書にしても、長々としたものを嫌い、〝三行報告の精神〟と言っては、簡潔に記すことを求めた。

すでに述べたように、森下の社長時代は、液晶テレビへの投資を絞り、ブラウン管テレビへの経営資本の大幅な割り当てをはかっていた。しかしそのブラウン管テレビで、ソニーの後塵《こうじん》を拝していたのである。

平成8（1996）年12月に、ソニーは平面ブラウン管の「スーパーフラット・トリニトロン」を採用したテレビ（翌年以降、「WEGA」〈ベガ〉のブランド名）を発売し、大ヒットを飛ばしていたが、平面ブラウン管を生みだせなかった松下電器は、その好調な売れ行きをただ傍観者のように眺めるしかなかった。

「ブラウン管の時代」を掲げ、テレビ事業の再構築を経営戦略の柱としてきた森下は、挽回のため、中村を常務取締役（北米本部担当）から専務取締役兼AVC社長へと引き上げ、テレビ事業の立て直しを命じたのである。

プラズマにすべてを賭けた

AVC社は、テレビなど映像音響機器や情報通信機器などを製造する社内事業会社で、中村がその経営を見るようになって半年後の平成9年10月、ようやくフラット画面に近づけたハイビジョンテレビ「美来《みらい》」が発売されている。しかし、その完成品を見た中村は激怒したという。

当時、AVC社で中村に仕えた元幹部社員が言う。

「『美来』は、従来のブラウン管よりはフラットに近かったんですが、まだ湾曲していて、ソニーのWEGAとは歴然とした違いがあった。それで中村さんが、テレビ事業部長を呼んで、これのどこがフラットやと聞いたところ、事業部長は、うちのは、ナチュラル・フラットですと答えたんですね。これには中村さん、ものすごく怒りましてね。それで、早くプラズマにするか、液晶にするか決めなならん、となった」

中村は、翌年9月、ようやく平面ブラウン管の「T《タウ》」を発売する一方、テレビ事業の将来を、プラズマ・ディスプレイに賭けることにした。当時は、他社の液晶パネルと比較しても、プラズマのほうが優れているとの技術判断があったからだ。

加えてプラズマ・ディスプレイは、小さなブラウン管を多数並べたのと似た構造で、松下が得意とする生産技術を用いれば、コスト面でも、次世代のテレビ競争に勝てるとの思いがあった。しかしこの時点では、まったく予想だにしなかったことだが、数年後の技術革新で、液晶がプラズマを凌駕する事態が生まれたのである。

本来なら、冷静に現状分析したうえで、軌道修正がなされるべきところだろう。しかし、もともとが〝量販思考〟の中村は、大量生産によって価格を下げれば、市場で生き残っていけると、憑《つ》かれたようにプラズマの生産拡大に突き進んでいった。

中村の米国勤務時代の上司で、アメリカ松下電器会長だった井村昭彌は、「規模の拡大に走ったのは、いかにも中村らしい」と語った。

「中村は、秋葉原地域の担当（東京商事部）の時に、無茶苦茶安売りして、安売りの専門家やいう噂がたった。安売りによって価格を崩しても利益だせばいいという発想で、大量生産、大量販売が沁みついている。まさに規模の経営が、生き残りの要諦《ようてい》だと思っているから、サンヨー（三洋電機）を買うて、電池でシェアを拡大する。（松下）電工の子会社化にしても、電工儲かってるから、取り込んだらより規模を拡大できるという発想ですわ」

しかしその発想は、先を見据えて入念にソロバンを弾いたものではなかった。社長という重責に押しつぶされそうになりながら、当面の課題をどうクリアするか、その必死の思いが、明日よりも今日の利益を追い求めさせるものだった。

のちに中村は、会長を退任するにあたり、「われわれはやはり戦略を失敗したんですよ」と、自身の判断の誤りを認めている（「日本経済新聞電子版セクション」2012年7月2日付）。

プラズマ事業の失敗は、いま振り返れば「人事の失敗」でもあった。

プラズマの将来性を見誤ったそもそもの原因は、事実を見据えて戦略をたてる人材ではなく、事実を都合よく解釈するブレーンを自身の周りに配置したからだと、中村に近かった元役員は言う。

「プラズマの開発・製造に、社運をかけた投資をするにあたっては、中村さんは当然、部下に聞いてるはずです。やっぱり、液晶テレビは大型にならへんのやな。画質はずうっとプラズマのほうがええままやな。消費電力は、がんばったらそこそこ液晶に対抗できるんやなと」

ところが、質問を受けたプラズマ技術者たちは、自分たちの技術を過大評価する一方、液晶技術の将来予測を見誤っていた。

同元役員の話が続く。

「これが事業の難しいところなんですが、プラズマは液晶に負けることはない、とウチが走りだした途端、他社の液晶プロジェクトも生存をかけ必死で技術革新に取り組んだ。そして、まさかの逆転劇がおこったわけです。その予想外の事態が、経営戦略を大きく狂わせてしまった」

たしかに、出はじめの頃の液晶テレビは、プラズマテレビに比べ技術的な問題が山積していた。ところが、わずか数年で液晶は、難点とされていたパネルの大型化や画面の明るさ、視野角度の広さなどの技術的課題を次々とクリアしてしまったのである。

もうひとつの人事ミス

しかも、いまにして思えば、この時期、もうひとつの人事上のミスが重なっていたことがわかる。それまで事業部長を経験したことのなかった半導体技術者の森田研を、デジタル技術に秀でているという理由でプラズマテレビの事業責任者に置いたことだった。

ある事業部長経験者が言う。

「事業責任者のやるべきことは、プラズマを市場に根付かせ、どう成功に導くかです。それには技術がわかっているだけではダメで、製品を量産する前に、しておかなければならないことがある。どのメーカーと、どんな協力関係を結びながら、世界のマーケットをどう生み出していくかというビジョンを固めることです。しかし残念ながら、森田さんにはそれが描けていなかった」

高額商品であるテレビを購入する際の消費者心理の基本は、同業他社の同様のスペックの製品と比較しながら、最も好みにあったものを選びたいというものだ。それだけに、プラズマを提供するメーカーを増やす〝仲間作り〟がどうしても必要になってくる。

成果をあげるための条件を整えないままスタートした事業は、量販店の売り場に多種多様なプラズマテレビを並べることができなかった。それどころか、液晶テレビが幅を利かせ、プラズマはひとり隅に追いやられることになる。

商品の設置面積で売り上げが決まる以上、どうあがいてもプラズマには、最初から勝機はなかったのである。

中村の経営の誤りを指摘する役員が、ひとりもいなかったわけではない。

当時、取締役米州本部長だった岩谷英昭《ひであき》は、プラズマに固執する中村に対し、公然と異を唱えた。その時の緊迫した様子は、「客員会」の一部で、伝説となって語り継がれているほどだ。

口を真一文字に閉じ、眉間にしわを寄せ、苛立ちを露わにする中村を前に、岩谷はこう言ったという。

「北米市場でテレビを売っていくには、プラズマだけではやっていけません。液晶テレビもいります。プロジェクターを内蔵したリアプロジェクションテレビもいります。ブラウン管もいります。松下でプラズマを作るんでしたら、ビクターに液晶を作らせるとか、松下寿電子工業にリアプロジェクションを作らせるとか、松下電器のトータルでアレンジメントしてください。それがお客様に対する対応ですよ」

中村が、アメリカ松下電器（現パナソニック ノースアメリカ）の社長時代、その右腕だった岩谷には、北米市場で中村と一緒に戦ってきたとの強い思いがあったはずである。その〝戦友意識〟がズケズケものを言わせたのだが、中村は、最後までその意見に耳を貸すことはなかった。

社長として決断した以上、ブレることなく最後まで攻めの姿勢を崩さなければ、液晶に勝てる日が来るといった本能的確信があったからであろう。その確信を支えたのが、独自の「オセロゲーム」理論だった。

もう引くことはできない

松下電器グループにとって最も重要な行事において、中村はこの耳慣れない理論を滔々《とうとう》と披露したことがある。平成17（2005）年1月11日の「経営方針発表会」でのことだ。2年がかりで手掛けてきた尼崎第1工場がこの年の秋から稼働し、プラズマテレビの量産体制が本格稼働するのを前にしての発言だった。

「私は、21世紀は『オセロゲーム』の時代、あるいは、ボクシング競争の時代であると申し上げてきました。現在のデジタル商品を中心とした家電市場では、まさに『オセロゲーム』のように、これまで負けていても、鍵となるポイントを押さえることで、勢力図が一気に変わり、一瞬の内に逆転することができます」

量産によってコスト競争力をつければ、いまは負けていても、やがて液晶に勝てる日がやってくるというわけである。この発言は、英語と中国語に同時通訳され、衛星放送を通じて北京、シンガポール、ロンドンなど、海外の松下社員たちにも届けられた。

当時、ニュージャージーに本部を置くアメリカ松下電器で、テレビ会議システムの画面に映し出された中村を眺めていたある社員は、こんな感慨が頭をよぎったという。「まるで、負けの込んだギャンブラーが、最後の大勝負に出るようなもんやな……」

北米を代表する「サーキット・シティー」や「Kマート」といった大手量販店では、すでにプラズマは見向きもされず、液晶が好調な売れ行きをみせていた。

また、そんな北米市場を調査した『日経ビジネス』は、「大画面テレビの売り場では、同じサイズで似た性能の商品を比べると、松下製品よりもサムスンの方が高い値段がついているケースが目を引く」（2004年5月10日号）と指摘していた。これは、松下電器よりサムスンのほうがブランド価値が高いと受け取られていたことを意味する。

しかしその後も中村は、活を入れつづけた。

「PDP（プラズマ・ディスプレイ）は絶対に引くことのできない事業です。技術力はもちろん、コスト力でも圧倒的に勝ち続けるべく、全社の最重点事業として総力を挙げた取り組みをお願いいたします」（『PaNa』２００６年1&2月号）

尼崎第1工場に続き、第2工場を平成19（２００７）年から稼働させると、さらに平成21（２００９）年には第3工場を立ち上げ、月産１００万台の生産体制がつくられていった。

そして、中村のプラズマ戦略に異を唱えた前出の岩谷には、一抹の寂しさを感じさせる処遇が待っていた。

中村と衝突した後、岩谷は、引き続き取締役米州本部長として北米勤務につくが、58歳の時、大阪府門真市の松下電器本社に呼び戻され、海外関係担当役員兼海外戦略研究所所長を命じられた。経営企画室のような明確なミッションがあるわけではないこの研究所で、岩谷は定年の60歳を迎えている。

米国での営業責任者として、長年、巨大市場を取り仕切ってきた功労者の最後の職場としては、およそふさわしいとはいいがたかった。それだけに、誰の目にも、「中村に楯突いた報いを受けている」と映ることになる。

リストラ

松下電器の元幹部社員が、振り返って言った。

「中村さんは、プラズマテレビで市場を制覇するのがひとつの夢だったんでしょう。〝選択と集中〟ということで、プラズマに絞ってしまった。けれど僕らの時代なら、プラズマもやって、液晶もやっていた。コンシューマが欲しいものは何か、という発想からたどっていけば、自然と多様な商品構成が必要という答えが出てくるからです。だから中村さんの頭のなかには、コンシューマがない。それよりも、ウチはいかにして生き延びるかということしかなかった」

果たすべき企業の役割を、消費者への貢献よりも、組織の延命においたことで、マーケットから離れた思想で経営がなされていったというのだ。

「あげく人事権を振り回すことで、中村は、組織を強引に牽引しようとした」と、かつての同僚は感懐《かんかい》を込めて述べる。

「森下さんの時代は、新機軸となる事業が生み出せないこともあって、社内失業率が

１割にも増えた。その余剰人員を整理しないまま、公約とした利益目標を達成しようと無理を重ねた結果、表に出せない〝隠れ負債〟を溜め込むことになっていた。それを短期間で解消しようと思えば、〝強権政治〟しかないわけです」

中村は、社長を引き継いだ直後、財務内容の余りの悪さに驚き、こんな状態を続けていたら会社が潰れてしまうと漏らしていたという。

森下が社長として公表した最後の「連結決算」は、営業利益こそ１５９１億円の黒字であったが、連結売上高は２期連続の減収で、営業利益も３期連続の減益であった。

その森下から社長を引き継いだ翌年の中間決算で、中村は沈痛な表情で、全社員にこう語りかけた。

「２００１年度上期は、まさに未曾有の赤字決算となりました。下期も赤字にならざるを得ない状況にあり、年間で初めて連結営業赤字になるという大変残念な見通しです」

実際、同年度の最終の営業利益は1990億円の赤字だった。本業での儲けを示す営業利益が赤字となったことにショックを覚えた中村は、「2002年度には、V字型回復する姿を何としても社会に示さなければ」ならないと力説し、営業利益で1000億円以上を達成することを公約として掲げた。

「V字型回復」の手だてとしては、「パナソニック・ナショナル両商品ともに2桁成長を成し遂げ」る一方、「V字型回復の起爆剤となる『V商品』の取り組みを推進」することを説いている。しかし、何より力を入れたのが、「特別ライフプラン支援をはじめとする雇用構造改革」、つまりはリストラであった。

偽りのV字回復

中村は、「連結決算」の赤字が避けられない見通しとなった平成13（2001）年8月、転職支援のための「ニューキャリアサポートセンター」を新設するとともに、「全事業場長および人事責任者約500人を集め」、リストラへの取り組みについての意思統一をはかっていた。

当時、リストラを担当した幹部社員のひとりは語っている。

「要は、面接マニュアルの勉強会をやって、面接の練習も重ねる。リスクを避けるためには、ぜったい辞めろと言ってはダメ、ということも口が酸っぱくなるくらい言ってました。希望退職をやる時は、本人が手を上げるよう仕向けなければならないので、場長たちには、実戦形式の研修で学んでもらっていた」

そしてこの「特別ライフプラン支援」のもと、多くの社員が希望退職に応じるとの見通しがたった時点で、中村はこう述べている。

「『若い人に託して自ら身を引こう』という思いで選択された方もたくさんおられると思います。そういう方には本当に感謝していますし申し訳ない気持ちでいっぱいです。残った我々が力を結集し、立派に成長していくことをお約束したいと思います」

（『Pana News』2001年11月1日号）

さらに中村は、「45歳以上の社員は、私も含めていらない」といった過激な発言のもと、最終的に1万3000人を希望退職させ、不採算事業部門の整理にも着手した。結果、翌年3月期の連結決算では、公約であった「営業利益1000億円」を超える1265億円の黒字を計上している。

しかし残った者たちで「立派に成長していく」という約束は果たされていない。中村のあとを継いで7代目社長になった大坪文雄もまた、経営の重点目標のひとつに「人員スリム化」を掲げ、平成24（2012）年3月までに約3万5000人をリストラしているからだ。

「V字で男をあげて以降の中村というのは、人が変わってしまったわね。異常なほど部下を選り好みして、自分の好きなタイプしか選ばないというところへいっちゃった。しかも嫌いとなると、人格を全否定する。それだけに、骨のある奴から抜けていきましたなあ」（中村の元同僚）

恐怖を生む人事

中村は、V字型回復の公約実現によって求心力を高め、より強く組織を引っ張っていこうとしていた。その矢先、〝AERA事件〟が起こった。

朝日新聞社が発行する週刊誌『AERA』は、「松下崖っぷち」と題した特集記事で、中村が進めていた改革に「方向感覚なき経営改革の憂鬱」と水をかけた（2002年10月21日号）。しかも同誌の新聞広告で、「松下『改革』でV字回復のウソ」と揶揄したのである。

中村は、社員に向けた一斉メールで、この記事と広告に社長の威信をかけ、猛然と抗議すると宣言した。社長はウソをつかない。社長がウソをついたのでは、経営など成り立たなくなるというのが、その理屈であった。

経済ジャーナリストの井上久男《ひさお》は、当時、朝日新聞大阪本社経済部記者で、製造業担当キャップだったため、この騒動の煽りを食い、とんだ災難に巻き込まれている。

井上が、自著『メイド イン ジャパン 驕りの代償』のなかで述べているように、「私が書いた記事ではなかったが、約1時間半もの間、（松下電器）本社の社長室で鬼のような剣幕で怒鳴られ続けた。同席した後輩の女性記者はあまりの剣幕に泣いてしまったほどだ」。

この時点で問題の記事を書いた記者は、大阪から東京に異動になっていた。井上は、後任のキャップとして、挨拶のため社長室に中村を訪ねたところ、激しい勢いで怒鳴られることになったのだ。さらに、井上は述べている。

「中村氏の主張はこうだった。『松下電器はスーパー正直な会社だ。「嘘」とは何事だ。しかもソニーの御用記者を使ったコメントを載せてうちの批判を書いて。あなたが書いた記事ではないことを知っているが、松下電器も自分が造った製品ではなくても不具合があれば営業担当者はお客から怒られるのは当たり前。だからあなたが抗議を受けるのは当然です』

中村氏は朝日新聞記者の出入りを禁止し、決算会見にも来てはいけないと通告した。同時に朝日新聞社への広告も全面的に止めた」

平成16年版『広告白書』によれば、平成14（2002）年度の松下電器の広告宣伝費は、トヨタ自動車、本田技研工業に次ぐ第3位で、年間567億円が充てられていた。この広告宣伝費を止められたことが、よほど痛かったのか、「結局、朝日新聞社は箱島信一社長（当時）まで巻き込む事態となり、パナソニックの宣伝のような記事を書く代わりに広告を復活してもらうことで手打ちをした」。

大新聞とケンカし、完膚《かんぷ》なきまでにやっつけたことで、中村の威厳は、以前にまして社内に響き渡るようになった。しかしそれは、決して社員の士気を高めはしなかった。

妥協を知らない中村の強権ぶりは、リーダーとしての逞《たくま》しさ以上に、恐怖心を多くの社員に植えつけたからだ。気に入らなければ、相手が誰であろうと潰しにかかる。そんな中村の言動が、一種の都市伝説となって語られている例がある。

パナソニックの東京本社は、平成24（2012）年10月、汐留に移転するまで、芝公園の「東京パナソニックビル」にあったが、そこでのことだ。ある日、この旧社屋の最上階、従業員たちの憩いの場となる社員食堂と売店のあるフロアから、ひとりの女子社員が売店で買ったアイスクリームを持って、エレベーターに乗りこんだ。乗り合わせたのは、松下電器がパナソニックと社名を変更して最初の会長となった中村邦夫だった。

中村はエレベーターを降りるなり、不機嫌な声をあげた。あれ、誰や――。

「話のオチは、中村さんの不興を買った彼女は、東京本社から飛ばされた、というものでした。真偽はさておき、こうした噂がグループ内にあっという間に広がり、いまだ語り草になっていることこそが、ウチがおかしな会社になってしまった象徴だと思います」(パナソニック東京本社勤務の中堅社員)

社員たちが抱いた恐怖の源泉となったのは、中村の持つ人事権である。「中村さんに嫌われたら会社人生は終わり」。そんな言葉が、標語のように伝播していった。

絶対不可侵領域

社長時代の中村は、「破壊と創造」を経営スローガンに掲げ、「創業者がつくったものであっても、時代に合わなくなるものはある。経営理念以外は何を変えてもかまわない。社員ひとりひとりが、自らにとっての『破壊と創造』を考えてほしい」(「産経新聞」2001年3月1日付)と唱えた。ただし、ここでは言っていないが、自身を社長にしてくれた森下が作った仕組みだけは例外としたのである。

この例外規程は、「破壊と創造」を実践しようとした者を、しばしば戸惑わせた。特機営業本部出身の元役員も現役時代、支店改革に手をつけたことで、危うく虎の尾を踏みそうになったという。

森下は社長時代に、特機営業本部の営業所を支店に格上げしたことがあった。自身の〝出身母体〟である同営業本部への愛着から、その機能を強化したのである。

この結果、従来からあった支店との重複が起こり、支店機能の二重化が生まれることになった。重複支店の統廃合によって、ムダを解消し、支店業務のコストパフォーマンスをあげようとの提案が、森下が会長に退いたのを機に、この元役員からなされたものの、中村は難色を示している。

中村と元役員のやり取りを知る幹部社員によれば、「中村さんは、確かにムダがある。しかし、森下会長の承認をとってくれと注文をつけた」という。森下にとって、営業所の支店への格上げは、社長時代に成し遂げた数少ない改革のひとつであり、またそのことを自負してもいた。それだけに、支店整理に伴う摩擦を恐れた中村は、事前了解をとるよう求めたのである。

案の定、森下は烈火のごとく怒り、断固反対した。

前出、幹部社員の証言。

「それでこの役員は、森下さんを説得して欲しい、と中村さんに頼みにいったところ、中村さんは、僕、悪いけど会長と喧嘩したくないんだ、とひとこと言っただけ。

仕方なく、森下さんの顔が立つように、特機営業本部系の支店にはいっさい手をつけないことにした。そのうえで、特機系の支店に、従来からの支店を監督する権限も与えるということで、森下さんから重複支店の整理の了承を得ていました」

この了承の報告に行った時も、中村は、他人ごとのように「ああ、よかったね」と言っただけだった。

すでに触れたように、中村は、50歳代前半で人事の苛酷さを、骨身に沁みる思いで嚙みしめていた。社長までの道のりは決して平坦ではなく、一度は左遷によって将来が閉ざされる危機を味わっている。その時、手を差し伸べてくれた森下には、まさに〝絶対不可侵〟の態度を貫いていたのである。

中村の元上司は言っている。

「彼は、上司への態度は実にいいんですよ。細心の配慮をする男でね。だから、部下を使う時は、逆になっちゃうのかもしれない。相談に乗ってやるということは少なく、常に威圧的に接していた。あんなにきつく当たるというのは、ちょっと意外でした。しかも社長になってから、ますます、ひどくなりましたよね」

「替えろや！」

社長就任時の中村の口癖は、「松下電器は消滅するかもしれない」だったが、その焦燥を、ことあるごとに聞かされていた元部下もこう言う。

「当時のウチの株価が総額で５兆円だったんですよ。中村さんは、５兆円では買われる。誰かが買いよる。買われないようにするには、とにかく株価を上げななら ん、と言うてましたわ」

有力な株価対策のひとつが、プラズマへの投資とほぼ並行して取り組んだ「事業構造改革」であった。グループ全体で１００を超える事業部を、14のドメイン・カンパニー（社内事業会社）に束ね直したのである。

一橋大学日本企業研究センターがまとめた『松下電器の経営改革』によれば、事業部制のもとで発生していた事業の「重複の規模は、グループ全体の売上げの１割とも、１兆円とも言われていた」。それが、ドメイン制の導入によって、ムダなコストの解消が実現したという。

ドメイン制のスタートとともに、中村は、その成果を確実に引き出すため、各ドメインの責任者を、年に数回、本社に呼び、事業計画や中期計画などの報告を求めた。

この報告会は、基本的に各責任者が、中村を筆頭に居並ぶ本社役員の質問にひとりで答えることになっていたが、専門分野に関しては経理スタッフや技術スタッフが回答していいことになっていた。ただし、回答者の氏名や社歴などをあらかじめ届けておかなければならない。これもまた、この報告会の基本ルールだった。

ところがドメインのひとつ、松下通信工業(現パナソニック モバイルコミュニケーションズ)の説明会において、そのルールが守られないことがあった。営業部長が、いきなり説明に立ったのである。

中村は、事前の予告のない報告者の出現に戸惑い、「あれ、誰や。なんで、ここにおるんや」と不快を露わにした。しかも間が悪いことにこの部長は、お世辞にもプレゼンがうまいとは言えず、質問にも的確に答えることができなかった。中村のカミナリとともに、報告会は後日やり直しとなっている。

中村の怒りは、会議のルールを無視したドメインの責任者ではなく、なぜか、この部長に向かった。早速、担当役員にこう指示したという。

「こういう男を営業部長に置いといていいんか。替えろや！」

まさにツルの一声で、この部長はすぐさま異動となっている。この人事もまた、恐怖の連鎖反応となって組織を縛り上げていったが、中村は、その事実に気付くことはなかった。

保身に走る幹部たち

中村が社長時代の元部下もこう語っている。

「中村さんが社長になってから、品質会議というのをはじめたのですが、ここでは毎回のように事業部長や工場長が吊し上げられていた。説明が悪いと、極端な話、次ぎの会議にはいない。どこかに飛ばされちゃってるんだから。だからみんな、自分の身を守るため、自分の責任のとれること以外何もしなくなる。身を縮こませ、足元ばかり見て仕事をするようになっちゃったわけですよ」

幹部社員たちが保身に走り、挑戦意欲が失われていることに気付かないまま、中村は、「品質の松下」を再建しようと、以前に増して激しくムチを振り下ろした。

「品質不良はロスコストを発生させる以上に、ブランドイメージの失墜を招く。既にパナソニック、ナショナルともに、高品質のブランドイメージは失われていると自覚しなければならない。『我々はお客様を失うために仕事をしているのか』と考えさせられる、極めて深刻な状況である」（『Pana News』２００1年11月15日号）

しかし中村が焦れば焦るほど、幹部社員たちの気持ちは萎え、固く縮こまっていくばかりだった。そんななか、さらに悪いことが重なった。

昭和60（１９８５）年から平成４（１９９２）年に製造販売した「ＦＦ式石油温風機」の不具合によって、平成17（２００５）年1月から同年12月までの間に5件の一酸化炭素中毒事故が発生し、２人が死亡したのである。

同年11月29日には、経済産業省から消費生活用製品安全法に基づく緊急回収命令を受け、全国放送で流す予定だった年末約2週間分のテレビＣＭ1万７２００本すべてを、製品回収のための告知広告に切り替えた。このほかにも、追加のスポットＣＭ1０００本を放送するなど、中村は、その対策費用に1００億円以上をあてている。

年が明けた平成18（2006）年1月の経営方針発表会で、中村は、「『品質』への考え方を、もう一度、根本から見つめなくてはならない」と宣言し、社員を鼓舞した。

「全社の体制を見直し製品安全にかかわる専門組織を新設したいと考えております。そして全製品について、たとえ何十年お使いになられても、万一の時には運転を停止して事故発生を未然に防止するような機能を付けるなど、安全を考え抜いた設計・モノづくりを進めていきたいと思います」

品質会議は、安全面をより重視した会議へと性格を変え、文字通り、すべての製品を検討の対象とした。

コピー、ファックス、スキャナーなどの機能を併せ持つ「フルカラーデジタル複合機」についても、電源部品が増え、「不安全事象の要因となり得る要素を多く持って」いるということで、安全性が検討されている。

やがて品質会議は、その本来の趣旨から逸脱し、恐怖が支配する査問の場と化していった。

前出、中村が社長時代の元部下が再び語る。

「対象となった製品については、どういう不具合が想定でき、それに対してどんな手を打ったのか。それは恒久的で、絶対大丈夫なのかといったことを、執行役員からはじまって出席の全取締役がよってたかって質問する。その際、少しでも説明が悪いと、中村さんのカミナリが落ちる。説明者の上司にあたる担当役員に向かって、お前たち、どんな経営してるんだ、と怒鳴りちらすわけです」

中村が苛立つ背景には、一方で事故発生の心配を抱え、もう一方で、松下電器の屋台骨を支えてくれていた家電製品のシェア低下が止まらないことがあったのだろう。平成4（1992）年に25％あった国内家電のシェアは、中村が社長に就任して3年目の平成14年には20％を割り込むまでに落ち込んでいたのである。

その挽回を、中村はプラズマで果たそうと考えていた。もはや、プラズマ以外に起死回生の手立ては思い浮かばなかったからである。

イタコナ社長

「客員会」のメンバーによれば、「後継者として7代目社長に大坪文雄君を選んだのも、院政を敷いて引き続き経営に君臨しようとしたからでしょう。だから、真面目でおとなしい大坪君を選んだんだと思いますよ。その証拠に、パナソニックに経営危機をもたらしたプラズマ・ディスプレイの投資戦略の失敗が明らかになった後もなお、大坪君は、中村に気兼ねしてか、何の見直しもしなかった」。

大坪が社長時代の平成19（2007）年に、約2000億円を投入して建設すると発表した尼崎第3工場は、中村が社長時代に決裁したものだった。

七代目社長・大坪文雄

「そもそも大坪君は、自分が決めたことじゃないから他人ごとでしたわ」

こう前置きして語るのは、「客員会」の別の有力メンバーである。

「何かの会合で大坪君が話していたのを聞いたこと

があるんですが、なんで、ＰＤＰ（プラズマ・ディスプレイ）に投資を続けたんやとの誰かの質問に対し、彼はうちだけの失敗じゃない。みんなそうだったんですよ、と平然と言っていた。どこのメーカーも、命かけてやりかけたことを、途中で引き下がったら、それでおしまい。いまは負けていても、勝つまでやらないかん。玉砕の思想でやっていたと言うんですな。だから、ちっとも自分は悪いと思ってない。時代が悪かったという認識ですわ。しかし私に言わせれば、あれだけの投資をするんですから、適時、計画を見直すのは社長の務め。その務めを果たさなかったというだけでも、彼は社長失格ですよ」

プラズマ事業において、前任社長の中村が唱えた「オセロゲーム」理論を大坪が信奉していたというより、その理論をおそらくは否定できず、否定できない以上はその理論に従って経営しなければならないという一種の呪縛にとらわれていたのであろう。その結果として、まさにこの事業は「玉砕」してしまった。

家電製品は、回路基板などの〝板〟と樹脂材料の〝粉〟から出来ているため、製品を分解してコストを検討することを業界用語で「イタコナ」と呼んでいる。その「イタコナ」が、大坪の社長時代のあだなとなった。

つまり大坪は、社長時代、コストのことは口にしても、将来展望や、社員が夢を描ける戦略を語ったことがないという意味である。

前出メンバーとは別の「客員会」の重鎮もこう言った。

「創業者の松下幸之助は、生前、トップの仕事は簡略化されたメッセージでビジョンを示すことや、それさえ示せれば、みんなが考えて実現してくれるとよう言うてました。逆に言えば、そういうメッセージを示せる社長が、ここ3代続いて出なかったということです」

たしかに、「マルドメ」とあだなされる森下や、「プロのサラリーマン」と揶揄される中村、さらには「イタコナ社長」の大坪では、この厳しい時代に対応できるトップとは言いがたい。

なかでも中村は、会長に退いたのちも、厳然とした影響力を発揮した。その中村に対し、唯一、ずけずけものを言いながら排除されなかったのが、平成24（2012）年6月、社名が松下電器からパナソニックに変更されたのちの2代目社長で、創業者から数えて8代目の社長に就任した津賀一宏である。

遅すぎたプラズマ撤退

津賀は、中村が社長時代、48歳で本社役員に抜擢され、52歳で常務役員、55歳で専務役員兼AVCネットワークス社の社長に就任した。同社は、テレビ、オーディオなど看板商品を製造するドメイン・カンパニーの中核企業である（現在、テレビ、オーディオの製造はアプライアンス社に移管）。

中村が津賀を引き上げた理由は、心中ひそかに「プラズマはもうダメ」との思いに至ったからといわれている。しかし率先してやってきたことだけに、自分から止めるとは言えない。その役目を津賀に期待したからだと——。

津賀がAVCネットワークス社の社長に就任した時期は、リーマンショックと円高のダブルパンチを受けて、市場は縮小する一方だった。しかも、すでに大敗を喫していたプラズマは、液晶との安売り競争に引きずられ、「限界利益」を割って叩き売られていたのである。限界利益を割るということは、工場建設などの投資額が回収できないことを意味する。

この事実を知った津賀は、事態を放置してきた前任者で、直属の上司であった専務取締役の森田研に食ってかかった。

前出、「客員会」のメンバーのひとりによれば、「津賀君は、〝森田の研〟に向かって、おかしいやないかあの工場。赤字たれ流しやないか。しかも限界利益割って売ってる。そんな商売、創業者が知ったら、何て言うか。とても許されへん。即刻、工場を停止すべきやいうて、ごっつい喧嘩しよったんや。それで、それまで同じ思いを抱きながら、何ももの言えなかった取締役の連中も、津賀君ええな、と思うようになった」。

森田との大激論を経て、津賀は、会長の中村と社長の大坪に対し、プラズマ製造工場の「稼働停止」を進言した。

八代目社長・津賀一宏

「反対された時には、そのときは最後まで抵抗するしかないといろいろと反論を用意して」（『文藝春秋』2012年11月号）臨んだものの、拍子抜けするほどあっさりとふたりは了承した。

津賀の提案を受け入れた中村の心境を、かつての側近のひとりはこう解説する。

「中村さんとしても、もはや、プラズマは逆立ちしても液晶に勝てないことは理解できた。しかし面子が邪魔して、自分から止めるとは言えない。誰かが、会議で動議として提案してくれなければ、工場の稼働停止を決めることもできない。そんな思いでジリジリしていたところへ、津賀君が歯に衣着せぬ物言いで提案をしたので、一気に縮小する方向にベクトルが動いたわけです」

さらにこの元側近は、さりげなく言い添えた。

「津賀君にしても、半年前に同じことを言ってれば、飛ばされていたはずです」

結局、プラズマへの投資額は、あとを継いだ大坪が社長として決裁した分も含めると約4400億円に達したが、すべてムダに終わっている。

津賀は社長就任後、インターネットでニュースを発信している『マイナビニュース』において、プラズマからの撤退の理由をこう語っていた。

「PDP事業は一時、1000億円を超える赤字にまで膨らんだ。それを、様々な施策を通じて事業再生に取り組み、固定費圧縮や大型化、電子黒板への展開などによって200億円規模の赤字にまで絞り込んできた。しかし、残りの200億円の赤字を黒字に転換する、あるいは赤字を半減するといった施策が見えない。そこで、撤退という最終決断をした」(2013年11月8日付)

テレビ事業だけでなく、さまざまな分野への応用をはかっても、プラズマへの投資額を回収することができず、事業としての見通しが立たなかったのである。

「普通の会社」になるために

結果論から言えば、中村がプラズマで見た夢は、松下の経営を傾かせただけであった。組織が、最良のパフォーマンスを発揮するには、多様で有能な人材が適正に配置されることが必須の条件となる。その意味で、この時期のパナソニックは、組織のバランスが変調をきたしていたといえよう。その遠因もまた、20年前、松下正治会長と谷井昭雄社長の対立が生み出した悪循環に求めることができる。

中村からミッションを与えられたことのある元幹部社員は言う。

「中村さんは、それほど難しい要求をする人ではない。ただ、指示されたことをきっちりやらないとうるさい。それだけに、言われたことを忠実にこなす部下でないと生き残れないので、組織力は弱くなる。しかも中村さんの側近が、高い給料もろうていながら、社内のいろんな意見を吸い上げようとしなかった。で、多くの人が、実力を発揮できずに終わっていったというのは、間違いのない事実なんでしょうね」

だからこそ津賀は、社長に就任するや、社内報で自由に議論のできる「普通の会社」への回帰を訴えた。

「今の弱みの裏返し、つまり、『言いたいことを言い合える、活気あふれる会社』が目指す姿です。このことは中村社長や大坪社長の時代から発信され続けていますが、残念ながら実現できていません」

もの言えぬ組織を改めるには、「全グループを揺さぶるような仕組みや仕掛け」が必要と、津賀は続ける。

「揺さぶれば、これまである範囲内でしか動けなかった、組織を縛り続けてきた鎖が切れていくでしょう。この鎖を切れば、タブーを恐れず本音を言い合い、俊敏に反応できるようになり、『活気あふれる会社』へと一歩前進できるはずです」（『One

Panasonic』２０１２年7月号）

的確な経営戦略には、不断の再検討と見直しが不可欠だが、そのためには「言いたいことを言い合える、活気あふれる会社」でなければならない。技術は常に革新され、消費者ニーズもこれに応じて変化する。〝強権人事〟という鎖が「組織を縛り続けて」いては、斬新なアイデアも再吟味の機会も得られず、その変革の流れを捉えることはできない。だからこそ、松下電器の経営は行き詰り、社名をパナソニックに変更してからも業績は低迷し続けたのである。

その意味では、森下、中村、大坪と続いた3代の社長たちの誤りを敢えて指摘し、彼らの面子を潰しながら、経営の立て直しをはかろうとしているのが、パナソニック社長の津賀一宏である。

松下電器とパナソニックの経営を20年近くにわたって翻弄してきた〝人事抗争〟も、いまでは過去のものとなりつつある。

幸之助の孫の松下正幸に、社長を継がせたいという創業家の夢は、3代目社長の山下俊彦によって打ち砕かれ、平成12（2000）年6月、中村邦夫が社長に昇格した際、正幸は、副社長から副会長となった。

副会長職は、創業家と経営の間に一線を画そうと、4代目社長の谷井が新設したもので、その後の〝人事抗争〟を象徴するポストでもあった。その役職にあって、いま、正幸は関西経済連合会副会長を務めるなど、おもに財界活動を担っている。

また、正幸に社長を継がせようと執念を燃やしてきた父親の松下正治は、その夢の実現を諦めたのちも、取締役相談役名誉会長として〝現役〟に留まることにこだわった。谷井による引退勧告に対し、最後まで意地を通した格好だった。健康がすぐれなくなったのちも、車いすで関連会社の役員会などには出席し、よく冗談を飛ばしていたという。

最後まで、創業家を代表し、創業家の威厳を保とうとした松下正治が、その役職を退いたのは、平成24（2012）年7月に99歳で逝去するほんのひと月前のことだった。

あとがき

「そういうことだったのか……」

彼らは、幾度となくつぶやいた。松下電器とパナソニックの役員OBや経営幹部たちを訪ね歩き、それまでの取材成果をもとにトップ人事について議論していた時のことだ。

経営凋落の原因が、トップ人事にあることはわかっていた。しかし、取締役会のメンバーといえど、入り組んだ背後事情や、複雑な人間関係が生み出した情動の力学がどのように作用したかなどを、細大漏らさず把握できていた人は、驚くほど少なかった。多くは、その時々、知り得た事柄を繋ぎ合わせ、それぞれ独自の解釈のもと自分なりの理解を引き出していたのである。

通常、雲の上の存在ともいうべき役員会での会話は、厚いカーテンでさえぎられ、そこでの議論の内容や最終的な了解事項が漏れてくることはない。また、組織を離れても、在職中に知り得た秘密を外部に明かすことは、タブーとされている。いわば不文律としての〝守秘義務〟を課せられている彼らが、当事者として体験した〝人事抗争〟の舞台裏や、それがどう経営判断に影響を及ぼしたかなど、知り得た限りの情報を赤裸々に語ってくれたのには、共通の理由があった。

企業が活力を失っていくプロセスを正確に理解することが、パナソニックの復活に向けての方策を見出す手立てとの思いである。語ることで、何が起こっていたかを再確認し、長年、解消できずにいた疑問や、不調と失敗に終わった経営戦略の背景に控える事情を探ろうとしたからだった。

松下電器やパナソニックに限らず、巨大企業のトップに立つという栄誉は、同時に、経営の重責をその双肩に担わされることでもある。孤独に耐え、変化に敏感に対応し、身を削るような苦しい決断を下す、そんな日常を過ごすことでもある。

「創業は易く守成は難し」という中国の故事を引き合いに出して、元松下電器の上席役員のひとりが、いかにも寂しげに語っていた。

「要するに、時代に対応できるトップを選べなかった時期があったということでしょう。社長になる人ですからね、それなりの見識が備わっているというのが前提の話。だけど、それがなかったらどうしようもない。彼らを選んだ時はベストだと思っていたんですから、松下電器には、そんな力しかなかったんでしょうな」

さまざまな条件と事情のもと、〝最良の人物〟が選ばれてきたはずだった。しかし能力、体力、実行力に申し分がない人物であっても、本質を見抜くすぐれた洞察力、つまりは〝見識〟の備わった人物でなければ、「リーダーとしての力と魅力と牽引力」を発揮することはできない。

ある意味、経営はもろく、経営者は必ずしも万能ではない。万能ではないからこそ、自身を補ってくれる役員やスタッフを見出す人事が、何より経営トップには求められている。

創業者松下幸之助から数えて8代目の社長に就任した津賀一宏は、これからどのような人材を登用することで、パナソニックの経営を立て直し、劣勢を巻き返すことができるのか。その道のりは、想像以上に険しく、遠い。

本書は、『週刊現代』で連載した「人事はこんなに難しい――パナソニックの場合

——」（2013年2月2日号〜3月16日号）の記事をベースに、その後、約1年にわたる追加取材を経て執筆したものである。

同誌での連載の機会を与えてくれたうえ、本書の執筆過程においても、惜しみないサポートを与え続けてくれたのは、講談社第一事業局長の鈴木章一氏であった。また、同誌前々編集長の藤田康雄氏と前編集長の鈴木崇之氏、現編集長の山中武史氏からは、よき伴走者として的確な助言と励ましを得た。記して謝辞を申し述べたい。

本書の誕生にご協力とご支援の手を差し伸べてくれたすべての方々に、心より感謝の意を表したい。

平成28年4月

著者

本文引用文献

※冒頭の数字は該当ページ

【まえがき】
3 人事において重……『経営者の条件』
9 当社は20年ほど……『課題認識と今後の対応について』
10 衰退の原因は、……「産経新聞」２００４年10月20日
２０１２年10月31日

【第1章】
26 二十一世紀の日……『松下政経塾講話録』
27 商品は、いうな……『キーワードで読む 松下幸之助ハンドブック』
28 全役員が遵守す……『パナソニック・ショック』
28 会長、社長は真……『松下幸之助発言集 31』
28 業務遂行に関す……『松下幸之助発言集 31』
28 皆さんから何か……『松下幸之助発言集 31』
29 みずから聞いた……『松下幸之助発言集 31』
30 数え年で私が二……『松下幸之助発言集 31』
30 安心してお退き……『松下幸之助発言集 31』
32 よしそれじゃ、……『仕事の夢 暮しの夢』
33 主任さんは二回……『仕事の夢 暮しの夢』
34 アスファルトと……『私の行き方 考え方』
36 ぼくはこの販売……『松下幸之助経営回想録』

【第2章】
49 私は一度辞めた……『ぼくでも社長が務まった』
53 特に電器業界は……関西企業家映像ライブラリー所蔵「インタビューDVD集」
54 それをね、さあ……関西企業家映像ライブラリー所蔵「インタビューDVD集」
55 だからね、何人……関西企業家映像ライブラリー所蔵「インタビューDVD集」
57 社外重役を除く……『山下俊彦の挑戦』
58 みなさんは、松……松下資料館所蔵「経営方針発表会ビデオ」
59 最近は、相談役……松下資料館所蔵「経営方針発表会ビデオ」
59 単なる自分の小……松下資料館所蔵「経営方針発表会ビデオ」
62 売上高の二割し……『「経営の神様」最後の弟子が語る松下幸之助から教わった「経営理念を売りなさい」』
62 三カ年計画を終……『ぼくでも社長が務まった』

【第3章】
82 １９９７年に販……『The Last Mogul』
85 『平田君、松下……『二人の師匠 松下幸之助と髙橋荒太郎』
86 ある日、久しぶ……『二人の師匠 松下幸之助と髙橋荒太

郎』
88 オービッツの報……『The Last Mogul』
89 フォーシーズン……『フェリックス・ロハティン自伝』
89 『一年も前から……『フェリックス・ロハティン自伝』
90 MCAの成長を……「ニューヨーク・タイムズ」
1994年11月4日
90 会社との合併……「ニューヨーク・タイムズ」
1994年11月4日
90 (映画会社とい……『フェリックス・ロハティン自伝』
92 ホテル・プラザ……『フェリックス・ロハティン自伝』
92 日本には、凄い……『フェリックス・ロハティン自伝』
92 ええ、素晴らし……『フェリックス・ロハティン自伝』
93 日米政府間の問……「ロサンゼルス・タイムズ」
1990年12月1日
94 どれくらいかか……『The Last Mogul』
94 あと2ドルか3……『The Last Mogul』
94 年間8・75%……『The Last Mogul』
95 MCAはこれま……『The Last Mogul』
105 私らは十円、百……「日経産業新聞」1992年3月25日
107 社長の谷井さん……『「経営の神様」最後の弟子が語る
松下幸之助から教わった「経営理念を売りなさい」』
107 責任は社長であ……「日本経済新聞」
1992年3月25日
108 冷蔵機能が低下……「朝日新聞」1992年5月20日
109 大型冷蔵庫の4……「朝日新聞」1992年10月31日
109 予想以上に不良……「朝日新聞」1992年10月31日
109 『人体に危害を……「毎日新聞」1992年11月11日
110 消費者への対応……「朝日新聞」1992年12月2日
111 故障率は出荷台……「朝日新聞」1992年12月2日

【第4章】

126 (とりわけキッ……『The Last Mogul』
126 (MCAを)買……「日経産業新聞」1991年10月29日
127 買収前5年間の……「朝日新聞」1991年11月27日
130 小さな投資なが……「ニューヨーク・タイムズ」
1994年11月4日
130 MCAにとって……「ニューヨーク・タイムズ」
1994年11月4日
131 松下のメイン……「ニューヨーク・タイムズ」
1994年11月4日
135 松下電器の本部……『The Last Mogul』
136 あなたは、ご自……『The Last Mogul』
137 彼らのやり方が……「ニューヨーク・タイムズ」
1994年11月4日
137 森下が遅れたの……「ニューヨーク・タイムズ」
1994年11月4日
137 これまでのよい……「ニューヨーク・タイムズ」
1994年11月4日

138　3人が出しあう……「ニューヨーク・タイムズ」1994年10月13日
139　MCA幹部の考……「ニューヨーク・タイムズ」1994年10月13日
140　51%の株を買い……『City of Dreams』
143　特別出資枠の2……『City of Dreams』
143　松下は飛びつく……『City of Dreams』
143　60年にわたって……「ヴァニティ・フェア」1995年4月号
145　森下をふくめた……「ロサンゼルス・タイムズ」1995年4月10日
146　ワッサーマンは……『The Last Mogul』
147　すべてにおいて……「ロサンゼルス・タイムズ」1995年4月10日
148　おそらく、それ……『Good Spirits』
148　『松下はMCA……「日本経済新聞」1995年4月12日
148　厳しい経営環境……「読売新聞」1995年4月12日
148　社長就任時から……「読売新聞」1995年4月12日
149　売却益はすべて……「読売新聞」1995年4月12日
149　卸売り価格……『The Last Mogul』
150　1995年1月……『The Last Mogul』
152　ブロンフマン……「読売新聞」1995年4月16日
153　もし、オービッ……『Good Spirits』
153　私は82歳になる……『The Last Mogul』
153　ハリウッドの映……「産経新聞」1995年4月11日
154　松下には、本当……『人、創造そしてドラマ　松下電器産業』
154　次年、一九九二……『人、創造そしてドラマ　松下電器産業』
155　人が死んで残す……『人、創造そしてドラマ　松下電器産業』
155　戦略なき失速の……『新経営研究』2000年7月号
155　MCAを生かせ……『新経営研究』2000年7月号

【第5章】

158　ハードとソフト……「産経新聞」1995年4月12日
160　平成九年三月期……「産経新聞」1995年5月28日
163　ライバル他社と……『日経ビジネス』1997年8月25日号
164　うちはCRT(……『日経ビジネス』1997年8月25日号
171　情実となれあい……『経営者の条件』
171　『何が正しいか……『経営者の条件』
171　人事も『秀でた……『経営者の条件』
181　今回の人事は、……「読売新聞」1996年5月24日
181　社長就任に向け……「産経新聞」1996年5月24日
182　今の松下はおか……「日経ビジネス」1997年8月25日号

183 山下氏の功績は……「産経新聞」１９９７年７月19日
183 あの時も、幸之……「朝日新聞」１９９７年７月19日夕刊
184 市場の真の要望……「全自動洗濯機『愛妻号』の低騒音化」『合成樹脂』１９９０年８月号
184 大幅な騒音低減……「全自動洗濯機『愛妻号』の低騒音化」『合成樹脂』１９９０年８月号
185 今の松下電器は……「日本経済新聞」
１９９３年３月２日
185 マーケットから……『Pana News』
１９９９年１月15日号
186 九八年度は減収……『Pana News』
１９９９年１月15日号
186 『初の商品』推……『Pana News』１９９９年３月１日号
186 (世界的なデフ……『Pana News』
１９９９年３月１日号
187 『他社にはない……『Pana News』
１９９９年７月15日号
196 『(アメリカ勤……『中村邦夫「幸之助神話」を壊した男』
200 取締役の経営責……『枯れてきた企業の良心』

【第６章】

204 特に、松下名誉……『Pana News』
２０００年７月15日号
205 森下会長は、社……『Pana News』
２０００年７月15日号
205 ここで森下会長……『Pana News』
２０００年７月15日号
210 われわれはやは……「日本経済新聞」
２０１２年７月２日
215 私は、21世紀は……『PaNa』２００５年１月&２月号
216 大画面テレビの……『日経ビジネス』
２００４年５月10日号
216 ＰＤＰ(プラズ……『PaNa』２００６年１&２月号
219 ２００１年度上……『Pana News』
２００１年11月１日号
220 ２００２年度に……『Pana News』
２００１年11月１日号
220 パナソニック……『PaNa』２００２年１月&２月号
220 Ｖ字型回復の起……『PaNa』２００２年１月&２月号
220 特別ライフプラ……『PaNa』２００２年１月&２月号
220 全事業場長およ……『Pana News』
２００１年９月１日号
221 『若い人に託し……『Pana News』
２００１年11月１日号
221 45歳以上の社員……『PaNa』２００２年１月&２月号
222 人員スリム化……「毎日新聞」２０１２年７月25日
223 松下崖っぷち……『ＡＥＲＡ』２００２年10月21日号
223 方向感覚なき経……『ＡＥＲＡ』２００２年10月21日号

223 松下「改革」で……「朝日新聞」２００２年10月12日
223 私が書いた記事……『メイド イン ジャパン 驕りの代償』
224 中村氏の主張は……『メイド イン ジャパン 驕りの代償』
224 結局、朝日新聞……『メイド イン ジャパン 驕りの代償』
226 創業者がつくっ……「産経新聞」２００１年3月1日
229 重複の規模は、……『松下電器の経営改革』
232 品質不良はロス……『Pana News』２００１年11月15日号
233 『品質』への考……『PaNa』２００６年1&2月号
233 全社の体制を見……『PaNa』２００６年1&2月号
233 不安全事象の要……『PaNa』２００６年11月号
239 稼働停止……『文藝春秋』２０１２年11月号
239 反対された時に……『文藝春秋』２０１２年11月号
240 ＰＤＰ事業は一……『マイナビニュース』２０１３年11月8日
242 今の弱みの裏返……『One Panasonic』２０１２年7月号
242 全グループを揺……『One Panasonic』２０１２年7月号
242 揺さぶれば、こ……『One Panasonic』２０１２年7月号

【あとがき】

247 リーダーとして……『傍観者の時代 わが20世紀の光と影』

参考文献

松下幸之助『松下政経塾塾長講話録』（PHP研究所、一九八一年）
松下幸之助『私の行き方 考え方』（PHP文庫、一九八六年）
松下幸之助『仕事の夢 暮しの夢』（PHP文庫、一九八六年）
松下正治『経営の心 松下幸之助とともに50年』（PHP研究所、一九九五年）
松下政経塾『松下政経塾講話録』（PHP文庫、一九八五年）
PHP総合研究所研究本部編『松下幸之助発言集 31』（PHP研究所、一九九二年）
PHP総合研究所研究本部編『キーワードで読む 松下幸之助ハンドブック』（PHP研究所、一九九九年）
飯塚昭男『山下俊彦の挑戦』（プレジデント社、一九八一年）
井村昭彌『枯れてきた企業の良心』（文芸社、一九九八年）
伊丹敬之・田中一弘・加藤俊彦・中野誠編『松下電器の経営改革』（有斐閣、二〇〇七年）
井上久男『メイド イン ジャパン 驕りの代償』（NHK出版、二〇一三年）
岩谷英昭『松下幸之助は生きている』（新潮新書、二〇〇九年）
岩谷英昭『松下幸之助は泣いている』（朝日新書、二〇一二年）
大脇禎弌『私が歩んだ松下のビデオ史』（非売品、一九九六年）
佐久間曻二・立石泰則『「経営の神様」最後の弟子が語る 松下幸之助から教わった「経営理念を売りなさい」』（講談社、二〇〇九年）
清水一行『秘密な事情』（角川書店、一九八九年）
清水欣一『〈松下〉は再生できるか』（オーエス出版株式会社、一九九三年）
髙橋荒太郎『松下幸之助に学んだもの 人をつくる事業経営』（実業之日本社、一九七九年）
立石泰則『復讐する神話 松下幸之助の昭和史』（文春文庫、一九九二年）
立石泰則『パナソニック・ショック』（文藝春秋、二〇一二年）
P・F・ドラッカー（風間禎三郎訳）『傍観者の時代 わが20世紀の光と影』（ダイヤモンド社、一九七九年）

P・F・ドラッカー（上田惇夫訳）『〔新訳〕イノベーションと起業家精神』上下（ダイヤモンド社、一九九七年）
P・F・ドラッカー（上田惇夫訳）『経営者の条件』（ダイヤモンド社、二〇〇六年）
フェリックス・ロハティン（渡邉泰彦訳）『フェリックス・ロハティン自伝』（鹿島出版会、二〇一二年）
春名幹男『スクリュー音が消えた　東芝事件と米情報工作の真相』（新潮社、一九九三年）
平田雅彦『二人の師匠　松下幸之助と髙橋荒太郎』（東洋経済新報社、一九九八年）
水野博之『誰も書かなかった松下幸之助』（日本実業出版社、一九九八年）
水野博之『今こそ松下幸之助に学ぶ　混迷の時代の生き方』（日刊工業新聞社、二〇〇二年）
福田國彌・水野博之監修、加納剛太編『起業工学　新規事業を生み出す経営力』（幻冬舎ルネッサンス、二〇一二年）
森一夫『中村邦夫「幸之助神話」を壊した男』（日本経済新聞社、二〇〇五年）
山下俊彦『ぼくでも社長が務まった』（東洋経済新報社、一九八七年）
山元敏行『人、創造そしてドラマ　松下電器産業』（にっかん書房、一九九三年）
斎藤純子抄訳『ネイキッド・ハリウッド』（りんごの木を育てる会〈非売品・追悼文収録〉、一九九四年）
Bernard F. Dick, "City of Dreams: the Making and Remaking of Universal Pictures," the University Press of Kentucky, 1997
Edgar M. Bronfman, "Good Spirits," Putnam Adult, 1998
Dennis McDougal, "The Last Mogul," Da Capo Press, 2001
Ko Unoki, "Mergers, Acquisitions and Global Empires: Tolerance, Diversity and the Success of M&A," Routledge, 2013

〔論文、その他資料〕
由川博之「全自動洗濯機『愛妻号』の低騒音化」（『合成樹脂』、一九九〇年八月号）
松下電器産業及びパナソニック社内報『PaNa』、『One Panasonic』、『Pana News』、『新経営研究』
松下電器産業及びパナソニック「経営方針発表会」資料
松下電器産業「有価証券報告書」
日経広告研究所『平成16年版広告白書』（二〇〇四年）

文庫版のためのあとがき

『ドキュメント　パナソニック人事抗争史』は、私にとってはじめて手がけた企業ノンフィクションである。人事を通して組織の盛衰を見つめ直し、人事によって翻弄された人々の群像劇から、巨大企業の経営の内幕に迫れないか――。

そんな野心とも暴挙ともつかない試みから取り組んだテーマだった。しかし、いざ取材をはじめてみると、群盲象を撫でるかのような状態に陥り、いっこうに確かな手応えを得ることができなかった。

まさに、出口のない迷路のなかで途方に暮れる毎日を過ごすことになる。そんな私を、鼓舞し、進むべき方向を指し示してくれたのは、他ならぬパナソニックの創業者、松下幸之助の存在であった。幾度となく困難を乗り越えてきた幸之助の体験に裏打ちされた理念と、事業への不屈の精神をその著書から学び直し、意欲を奮い立たせていたのである。そして、旧松下電器やパナソニックの元役員たちと、幸之助の業績について語り合うなか、徐々に道が開けていくことになった。

振り返ってみれば、彼らには、共通して〝無念の思い〟があった。

本来なら隆々たる社運を築いているはずが、何故、今日の経営不振をもたらしたのか。そのあやまちの原因を突き止め、後輩たちに教訓として残したい。そんな思いを共有できる相手かどうか、私のことを見極める時間が必要だったということだろう。断片的に明かされる事実を、モザイクを組み合わせるように再構成していくと、彼ら自身が長年抱えてきた疑問が、氷解する瞬間がおとずれた。

とりわけ印象深かったのは、4代目社長の谷井昭雄の時代、子会社のナショナルリースと松下冷機で相次いで発生した不祥事について、元役員のひとりと意見交換していた時のことだった。

このふたつの事件に関する一連の報道と、それを受けての松下側の対応には、谷井を追い落とすためのシナリオと演出のあとが刻印として残っている。そのことを元役員に告げると、その人物は、途端に顔色を変え、かつての記憶を呼び起こすかのように沈思黙考した。

やがて面をあげると、「面白い、非常に面白いストーリーだ」とつぶやき、こう言葉を継いだ。「ノンフィクションではなく、フィクションとして書くんでしょう」。茶化すことで、動揺を悟られまいとするかのように。

トップ人事を巡って、策謀が仕掛けられていた可能性に、はじめて思い至ったかのようだった。そうしてこの人物は、堰を切ったように語りはじめたのである。

私が訪ね歩いた人たちは、いずれも衰えぬ探究心と人を引き付ける魅力に溢れた人たちだったが、それも理由あってのことである。世代の違いから、直接、幸之助の薫陶を受けた人は少なかったものの、幸之助の定めた〝トップ人事の大原則〟によって引き上げられた人たちだったからだ。

幸之助は相談役に退いたあとも、役員候補者リストを前に、必ず、「この人物には運と愛嬌は備わっているか」と質問していたという。

大阪・船場の丁稚奉公から叩き上げ、一代で世界的な家電メーカーを創り上げた幸之助には、「運」と「愛嬌」がリーダーに欠かせない資質との思いがあった。困難な仕事をものにするには、能力や気力、体力以上に、運を味方につける天賦の才と、愛嬌のある魅力的な人柄が備わっていなければならない、という本能的確信である。

言うまでもなく、幸之助のお眼鏡にかなった彼らは、押し並べて愛嬌のある人たちだった。なかに、「一度、また、お会いしたく思っています」と、わざわざ手紙をくれた人がいて、連絡を取ろうと思っていた矢先、追いかけるように二通目の手紙が届いたことがあった。あわてて大阪の自宅を訪ね、いつものように取材をし、そろそろ辞そうとしたところ、この人物は「最後に何でも聞いておきなさい」と珍しく質問をうながした。

驚いて見返すと、「いやいや、今日、聞きたいことを聞いておきなさいという意味」と笑っていたが、ほどなくして入院したことを知り、この日が最後の取材となった。この人もまた、大変な切れ者で、驚くほど気さくな人だった。

文庫化にあたり、幸之助の精神を受け継ぐ、旧松下電器やパナソニックの方々から賜った具体的な厚意の数々に、改めて深く感謝の意を捧げたい。

解説　「普通の会社」になれるか

髙橋洋一

年金制度の欠陥を暴く

本書『ドキュメント　パナソニック人事抗争史』は、ジャーナリスト岩瀬達哉氏による、企業ノンフィクションの新たな傑作である。

岩瀬氏にはすでに、日本の年金官僚たちの目を覆わんばかりの腐敗ぶりと、年金制度の抱える本質的欠陥を白日のもとに晒し、年金問題を考える上での俯瞰図・全体像を初めて提示した『年金大崩壊』（2003年、講談社）、『年金の悲劇　老後の安心はなぜ消えたか』（2004年、講談社）という代表作がある。筆者が岩瀬氏と初めて面識を得たのは、これらの本が出たのちも、氏が週刊誌や月刊誌で年金問題について精力的に執筆していた2006年のことだった。

その頃の筆者は第一次安倍政権の内閣参事官を務めていたのだが、当時の安倍政権といえば、後に自民党が政権を民主党に奪われる原因となる「消えた年金」問題の対応に追われていた。社会保険庁のコンピュータに記録があるものの、基礎年金番号に統合されていないものが厚生年金番号で約4000万件、国民年金番号で約1000万件あることがわかり、さらに加入者が収めたはずの国民年金・厚生年金保険料の納付の記録が社会保険庁のコンピュータや自治体の台帳にない事例が多数あると判明。これにより、国民から囂々《ごうごう》たる非難を浴びていたのである。

この事態を収拾するため筆者が面会を求めたのが、すでに年金問題のエキスパートとして知られるようになっていた岩瀬氏だった。筆者も当時現役の財務官僚であったし、公務員の仕事ぶりがいかにひどいかはよく知っているつもりだった。だが、岩瀬氏から教えてもらった旧社会保険庁の体質は筆者の想像をも超えていた。筆者はのちに、社会保険庁を解体し歳入庁を発足させて税と社会保険料を一括で徴収することを提案したが、この提案をする上で、岩瀬氏から教わった情報は不可欠なものだった。

その後、社会保険庁は解体され、岩瀬氏は2010年1月に日本年金機構が設立されるまでの2年間、「年金業務・社会保険庁監視等委員会」と「年金業務・組織再生会議」という二つの政府諮問機関の委員に就任されている。実を言うと委員選定にあたっては、筆者も岩瀬氏を推薦させてもらっている。

「神様」の知られざる一面

本書で岩瀬氏は、かつてエクセレント・カンパニーと呼ばれながらも2011年度、12年度の合計で約1兆5000億円もの最終赤字を計上するに至ったパナソニック（旧松下電器）の凋落の歴史を、同社でなされてきた「トップ人事」に焦点を当てることで描き出している。初代松下幸之助氏から2016年現在の社長である津賀一宏氏まで、歴代8人の松下電器・パナソニック社長が本書には登場する。

この中では、大阪の火鉢店での丁稚奉公から松下電器を創業し、一代で世界的な家電メーカーにまで育て上げた「経営の神様」松下幸之助氏が群を抜いて有名だろう。しかし著者は幸之助その人の人生については、2011年刊の別の作品（『血族の王　松下幸之助とナショナルの世紀』）で詳細に調べ、論じていることもあって本書で言及している回数はそれほど多くない。代わって本書で主だった役割を演じるのは、幸之助の後を継いだ7人の後継者たちである。

本書はのっけから驚くべきことを教えてくれている。幸之助は他界する9年前の1980年の時点で、自分の娘婿であり、2代目社長も務め当時会長職にあった松下正治氏を引退させ、経営に口を挟ませないようにせよと、3代目社長である山下俊彦氏に命じていたというのだ。

正治氏といえば、旧華族の生まれで東京帝国大学法学部卒、三井銀行出身という華麗な経歴を持ち、その時点で松下電器の社長、会長を20年近く務め、2012年7月に99歳で亡くなる直前まで、相談役名誉会長として社内外に隠然たる力を有していたことでも知られている。だが幸之助は正治氏の人物・器を、「山の上ホテル事件」での対応のまずさなどにより早くから不安視していたというのである。さすがの慧眼ではあるが、裏を返せば自身の家庭での微妙な立場もあって、自分で引導を渡すことができずやむなく山下氏に任せるしかなかったということでもあろう。「神様」の知られざる、寂しい一面が窺える。

また「柔軟な思考力、冷静な判断力のほか、叩き上げの人間に共通のシンの強さ」

(52頁)を持ち合わせていたはずの山下氏にしても、幸之助の遺言を自分の在任中には履行しようとせず4代目の谷井昭雄社長への宿題としてしまった。谷井氏はその遺言を忠実に守り、正治氏が数え年で80歳になったのを機に引退勧告をするが、結果的にこれが谷井氏にとっても、パナソニックにとっても仇になった。

本書を読み終えた読者の多くは、谷井氏の経営者としての類まれなセンスに、強い印象を受けたことだろう。

とりわけアメリカを代表するエンタテインメント企業MCAの買収を決断したのは、今から振り返れば日本のものづくり企業のスケールを超えたものだった。

本書でも指摘されているような「ソフトとハードの融合」が成功すれば、今頃パナソニックには全く違った展望が開けていただろう。スティーブ・ジョブズのもとでアップルが成し遂げたような21世紀型のビジネスを生み出すまでは難しかったとしても、MCAがパナソニックに打診していた大型テーマパークの計画にゴーサインさえ出していれば、同社は、2013年度の入場者数1050万人、売上高959億円のユニバーサル・スタジオ・ジャパンを持っていたはずだった。

だがパナソニックは、せっかく手に入れた掌中の珠を自ら投げ捨ててしまった。谷井氏から引退勧告を受けた正治氏が、谷井氏のビジョンを理解できないまま彼を辞任に追い込み、その後も「谷井憎し」の感情のあまり、谷井路線の闇雲な否定に走ったからである。正治氏の器を疑問視した幸之助の不安は、こうして的中したのだった。

なお偶然なのか、著者の巧みな仕掛けなのか、本書ではパナソニックという企業の限界を感じさせる2つのエピソードで、ともに「メロン」が登場するのが興味深い。

ひとつは谷井社長時代になされたMCA買収交渉の席上、交渉相手のシドニー・シェインバーグ社長が食卓に出されたメロンに言及したところ、平田雅彦副社長が生真面目な、しかし野暮な受け答えをして不安を抱かせたというエピソード（92頁）。そしてもうひとつは、谷井氏追放後の役員会では誰もが正治会長の顔色を窺っており、議論らしい議論といえば、デザートのメロンの大きさに関するものくらいだった、というエピソード（200頁）である。

「マルドメ」と「プロのサラリーマン」

パナソニックが本格的に凋落するのは、専ら正治氏への忠誠心だけを基準に選出された、5代目・森下洋一社長の時代からだ。

森下氏については、「まるでドメスティック」を意味する「マルドメ」なるあだ名が紹介されているほか、本書に登場する証言者の口調からも、いかに当時の社内で軽んじられていたかが察せられる。実際、巨大企業、しかも業界全体が大きな転換期を迎えつつあった会社のトップに、森下氏は相応しくなかった。

そのことを悲しいほど明白に示すのが、液晶もしくはプラズマ・ディスプレイの時代が来ることを業界の人間ならずとも予感しつつあった1990年代なかばにあって、森下氏が依然「ブラウン管の時代」が来ると思い込んでいた、という逸話だろう。そこまで技術に疎い人物が日本を代表する電機メーカーの社長になれてしまった事実に、今となっては啞然とさせられる。

森下氏の跡を継ぎ6代目社長となった「プロのサラリーマン」中村邦夫氏の責任も大きい。「破壊と創造」をスローガンに掲げながら実際に彼が行ったのはただの恐怖政治であり、上司に媚びへつらい、必要な助言ができない空気を助長してしまった。

岩瀬氏は八方ふさがりになっていた当時のパナソニックの空気を、経営思想家ドラッカーの言葉を引きながら以下のように表現している。

〈「『何が正しいか』ではなく『誰が正しいか』を重視する」風潮が蔓延し、「人事も『秀でた仕事をする可能性』ではなく、『好きな人間は誰か』『好ましいか』によって決定する」ようになっていたからだ〉（171頁）

周知の通りパナソニックは、中村社長時代に遅まきながらブラウン管に見切りをつけ、プラズマへの投資を始めるものの、液晶に惨敗する。だが本書によれば、中村社長はプラズマが液晶に勝てないことに、途中から気づいていたフシがあるという。それでも自分の代で撤退しなかったのは、中村氏もまた正治氏と同様に、組織よりも自分自身の面子を優先したからだろう。

筆者はパナソニックについて、かつて公正取引委員会事務局に出向していたときの同僚から、以下のように聞いたことがある。「パナソニックは阿漕《あこぎ》なことをやっても『不公正取引』で訴えられないくらいに、取引業者の心をつかんでいる。それが一流企業なのだ」と。岩瀬氏のこの本で、パナソニックに対する新たな知見が加わった。

筆者が2008年3月まで在籍していた財務省にも、森下氏あるいは中村氏のような人はいた。人事権者に取り入るために賭け麻雀をし、わざと負けてやることで貢ぐようなことをする人たちである。だがこういう人たちに限って仕事ができないのは、官も民もあまり変わらないらしい。

筆者は数字、データ、統計を扱うデータ分析家である。この3つを組み合わせて読み解くことで、国家の過去と現在を分析し、未来を予測することを仕事にしている。

その立場から筆者は、企業の業績が伸びるも傾くも、基本的にはマクロ経済環境によって決まる割合が最も大きいと考えている。経営者の資質や経営方針のウェイトが、二次的な要素であるとの考えは今も変わっていない。

マクロ経済環境は、試験問題に喩《たと》えるならばその難易度に当たる。合格点が100点満点中70点以上と決まっている試験の場合、問題がそれほど難しくなければ不勉強な学生でもそれほど苦労せず合格できるが、難易度が高ければ優秀な学生でも落第がありうるのである。

だがそれは、マクロ経済環境が悪化した（すなわち試験の難易度が高まった）１990年台なかば以降のパナソニックは、少なくとも谷井氏以上の人物を社長として担ぐ必要があった、ということでもある。にもかかわらず現実の同社は谷井氏を降板させ、試験問題が易しくても合格が覚束ない劣等生を試験場に、それも3人連続で向かわせてしまった。これでは最初から期待できない。

翻って、2012年に就任した津賀社長はどうか？　津賀社長は就任して以来、「普通の会社」になることを目指しての改革に乗り出しており、赤字事業部門の立て直しとBtoB（企業間取引）事業へのシフトを意欲的に行い、V字回復を達成させた。

シャープが台湾の鴻海精密工業に買収され、東芝が不正会計問題で危機に立たされるなど、国内家電メーカーがいずれも多難な時期を迎えるなか、健闘しているように見受けられる。

だが、その津賀体制下のパナソニックが、今後もうまくいくかどうかはわからない。2月3日の2015年第3四半期決算会見では、早くも業績見通しを下方修正しているのだ。

パナソニックは津賀社長のもと「普通の会社」へと戻ることができるのか。来る2018年度に創業100周年を迎えるこの会社の行く末を、筆者を含め本書を読み終えた者の多くが、特別な思いで見守ることになるのだろう。

（数量分析家、元財務官僚）

本書は、二〇一五年四月に小社より刊行された
『ドキュメント　パナソニック人事抗争史』を
文庫化にあたり、加筆・修正したものです。

岩瀬達哉―1955年、和歌山県生まれ。ジャーナリスト。2004年、『年金大崩壊』『年金の悲劇』（ともに講談社）で講談社ノンフィクション賞を受賞。また、同年「文藝春秋」に掲載した「伏魔殿　社会保険庁を解体せよ」で文藝春秋読者賞を受賞した。他の著書に、『血族の王　松下幸之助とナショナルの世紀』（新潮文庫）、『新聞が面白くない理由』（講談社文庫）などがある。

講談社＋α文庫　ドキュメント　パナソニック人事抗争史《じんじこうそうし》

岩瀬達哉《いわせたつや》　

2016年4月20日第1刷発行

発行者――鈴木 哲
発行所――株式会社 講談社
東京都文京区音羽2-12-21 〒112-8001
電話 編集(03)5395-3522
販売(03)5395-4415
業務(03)5395-3615

デザイン――鈴木成一デザイン室
カバー印刷――凸版印刷株式会社
印刷――凸版印刷株式会社
製本――株式会社国宝社

落丁本・乱丁本は購入書店名を明記のうえ、小社業務あてにお送りください。
送料は小社負担にてお取り替えします。
なお、この本の内容についてのお問い合わせは
第一事業局企画部「＋α文庫」あてにお願いいたします。
Printed in Japan ISBN978-4-06-281669-4
定価はカバーに表示してあります。